新装版　マックスウェルの悪魔

確率から物理学へ

都筑 卓司　著

ブルーバックス

カバー装幀／芦澤泰偉事務所

カバー絵／北見　隆

本文カット／永美ハルオ

目次デザイン／中山康子

プロローグ扉写真／映画「第七の封印」

©1956 AB Svensk Filmindustri.All Rights Reserved.

DVD・ビデオ／ムービーテレビジョン

第Ⅰ章扉絵／M.C.エッシャー「滝」

All M.C.Escher works © Cordon Art B.V.-Baarn- the Netherlands./

Huis Ten Bosch-Japan

カタストロフィー扉絵／ブリューゲル「バベルの塔」

写真提供　E.Lessing／PPS通信社

本文図版／さくら工芸社

はしがき

われわれが手紙を書くとき
「残暑きびしき折から……」

「朝夕めっきり涼しく……」

「日、一日と寒さもやわらぎ……」

というように気候の（正確に言えば気温の）挨拶から入ることが多い。会話の場合にも
「お暑うございます」

「お寒うございます」

「いい陽気になりました」

などの言葉がしばしば用いられる。

このことは、人間はおのおのの個性に応じて趣味、嗜好、関心などの違いがまったく千差万別であるが、気温に対する皮膚の感覚だけは一国の元首にも革命家にも、野球選手や流行歌手にも

共通する公約数であることを語っている。
もっとも、商人仲間なら
「もうかりまっか」
適齢期のお嬢さんどうしなら
「どう、いい人みつかって?」
となるかもしれない。しかしこれは偶然、ある関心事の共通する二人が遭遇した場合であって、相手がちがえば当然
「冷えますなあ」とか
「いやあねえ、寒くって」
などとなる。
このように温度というものは誰もが常に感じている(もっとも意識していないことも多いが)、極めて日常的な物理量ではあるが、しかし、温度——さらにそれの原因となる熱については、他の自然現象とくらべて大きな違いがある。その大きな違いを調べていくのが本書の目的である。
熱でなく、たとえば光なら、必ず対称という性質がある。ここからあそこに光が走れば、あそこからここにも光は通ずる。たとえ途中に鏡が何枚おかれても、この事情に変わりはない。自分が彼の顔を覗《のぞ》けば、彼からも必ず自分の顔が見えているはずである。つまり相身互《あいみたが》いであり、一

方的なえこひいきはない。

電気の現象についても同じである。地球から月に電波を送ることが可能なら、月からの通信も必ず地球でキャッチできる。力学でもまた相互関係が対称になっている。

しかし、ただ熱に関係する現象だけが特例であり、それに関しては対称性がなりたたない。熱は熱いものから冷たい方向へとしか流れない。机の上を滑らした石がもし途中で止まるとすれば、熱的現象がそれにからんでいるからである。

このような熱に関する一方通行性は、——おおげさないい方をすれば——宇宙全体を通しての確固たる真理なのであろうか。

この真理に挑戦して、マックスウェルの悪魔は登場する。彼は一方的に流れようとする熱を阻止し、逆流させる能力をもっている。電気も石油もないのにエンジンを動かし、車輪をまわす。

こんなことがはたして可能だろうか。あるいはまた、この悪魔が宇宙のどこかに住んでいるということが考えられないものだろうか。

熱の一方通行が、初めから批判の余地のない真理だとするなら、マックスウェルの悪魔はまったくのナンセンスである。しかしふつうの物質と違って、ものを考え、美を創造し、文化を建設する人間の機能や、宇宙の開始やその終末におもいをめぐらすとき、あるいはマックスウェルの悪魔がどこかに宿っているのではないか……ということも、たんなる架空の話として、いちがいに否定してしまうことはできなくなる。

マックスウェルの悪魔は、物理学ではよく知られたパラドックスの一つである。それは、およそ一世紀ほど前にジェームズ・クラーク・マックスウェルによって提起され、以来、多くの物理学者の関心をとらえてきた。本書では、この小悪魔を必ずしも否定されたものとして取り扱っていない。自然科学に統計力学という、自然の本質への一つの代表的なアプローチの仕方があるが、その基本的な考え方を、この悪魔を介して時に逆説的にながめてみようとするのが本書の骨子である。

統計の基盤となる「確率」という考え方は、小学校の算数の中にもとり入れられている。この本でも、なぜ確率が物理学とつながるか、確率とマックスウェルの悪魔（そして、ひいては統計力学と）の間にどんな関係があるかに焦点を当て、学生諸君をはじめ、どのような職業のひとにも親しんでいただけたらと思って筆を進めた。記述はできるだけかみくだき、初めての人にも不明の点のないよう心がけたつもりである。

なお全般の構成については講談社の末武親一郎氏より有益な助言を得、さらに本書の最後で、東大教授久保亮五先生の発言（雑誌「数理科学」一九六九年八月号の座談会より）を引用させていただいたことを、おことわりしておきたい。

新装版刊行にあたって

本書は、筆者の専門の統計力学を書いたものである。多くの人に用紙を配り、これを集計する国勢調査のようなものを統計というが、これと同じように考えてほぼ間違いはない。ただし、物理学でこれを使うときには、個々の要素は人間などではなく、分子や原子のことが多い。だから扱う数は一兆の一兆倍のそのまた一兆倍……というように途方もなく大きくなり、母集団（統計にかかわる要素）が大きければ大きいほど、現実に近くなっていく。

いま、ある箱の左半分には一気圧、右半分には二気圧の同じ気体が入っているとしよう。このとき中央部の仕切りをはずしたらどうなるか。

両方とも（すぐにではなく、少し時間がたってからではあるが）一・五気圧になるというのが正解である。均等というか、民主主義というか、これに異を唱えるものはない。いや、たまたま半分の気体分子が左が好きで混合しないと結論づけるのはバカバカしい。

要するに、温度差のある二気体、圧力差のある二気体が接触すれば、両者の温度や圧力は平均化するのである。濃度差のある二溶液などについても同じである。

「なぜ平均化するのか」と問われると困る。苦しまぎれに答えれば、物理的原則だけについていうなら、混合ということはあるが、分離はないのだ。水の中にインクを一滴落とすと、やがてそれが全体に広がって、薄いインクの色になっていく。しかし、それがまた自然に水と一滴のインクに分かれることはない。

分離から混合の方向へ移行するのを、一般論としてエントロピーの法則とよぶ。モノはエネルギーを貰《もら》い、それを消費しつつ生きていくというのはエネルギーの法則だが、モノは一方向的にしか進めない、逆進の道は閉ざされている……というのが、エントロピーの法則だ。

例をあげれば、有料公園の裏の出口みたいなものである。回転扉のために内から外へ出るのは可能だが、逆はない。自然界の進行方向にも限定がある、ということを教えている。

なお、最近は日常にも、統計の基盤となる「確率」という概念が入り込んでかなり一般化している。たとえば明日の降水確率は五〇パーセントというようになった。さすがに「そんな曖昧《あいまい》なことでは困る。雨が降るのか降らないのかはっきりしろ」というオヤジは少なくなった。確率論の一般化だと思っている。

本書は、活字や図版などが見にくくなったので、すべて新組みにして見やすくしたものである。三十数年の歳月を経ても、内容はけっして古くなっておらず、初めて読まれる方にも、また、昔を懐かしみ再読される方にも、充分楽しんでいただけると思う。

二〇〇二年　七月　　　　筆者

もくじ

プロローグ

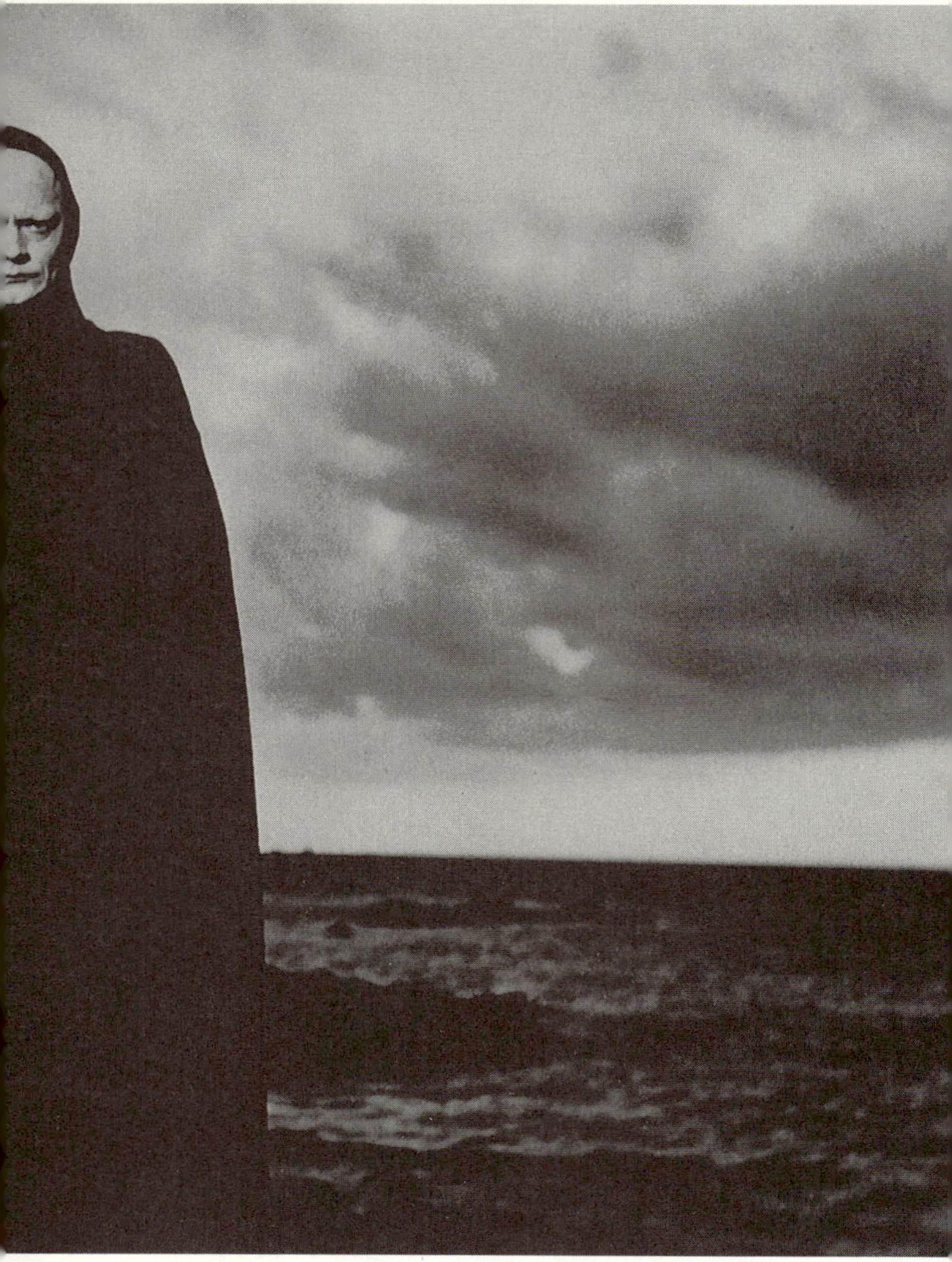

夕もやにかすむ街はずれの空地、くさりかかった丸太や、土管が乱雑に並び、掘りかえしの穴には水がたまって、垣根の竹が汚水の中に落ち込んでいる。

家というよりはバラックにちかいすまいが軒をならべて空地をとりまき、くずれた屋根瓦や、こわれた羽目板など……どこにでも見られる風景がそこにあり、かりに何度かここを歩いたひとがあったとしても、なに一つ記憶には残るまい。うらぶれた場末ではあるが、それでも家々の煙突からは煙がたちのぼり、ここに住む人たちにも今、夕餉《ゆうげ》のひとときがきたようである。

と、ある傾きかけた家の台所で、坊やが泣いていた。からになった酒びんをかかえて板の間にしゃがみこみ、悲しそうにしゃくりあげている。頬から胸に流れた涙は床板をぬらす。父と子との二人ずまいの狭い台所には、これというほどの道具はないが、坊やの目の前にあるびんには透明な液体がいっぱい入っている。

あかりもない台所はすでに薄暗い。空地で遊んでいた子供たちのやかましい声もとだえたようだ。まもなく坊やの父親も、一日の仕事から帰ってくるだろう。真っ黒に日焼けした父親がふちの欠けたちゃぶ台でいつものおきまりを――場末に住む人たちは、昔から晩酌のことをこうよんでいた――ちびりちびりとやる夕飯のひとときだけが、父子《おやこ》水入らずの時間である。

もやはますます濃くなってくる。日暮れのせいもあるが、空地のこちらの端から見ると向こう側の家や壁は、その輪郭《りんかく》だけを残して灰色の闇にとっぷりと埋もれてしまっているようだ。いつもなら遠くまでかぞえられる背の低い電柱も、目の前の一本だけを残して、あとはもやの中に消えてゆき、空地のなかほどにある何本かの枯木も、幹だけがどうやらそれらしく見わけがつく程度で、梢の先はすでに周囲にとけこんで見えない……。

町工場の多いこの区域は煤煙で空の濁ることはままあるが、この日のような濃いもやにおおわれたことは珍しい。空気は重苦しく、海の底にでも放り込まれたような息苦しさを感じさせる。さきほどまで物干竿の洗濯ものを動かしていた風も凪《な》いで、あたりは気味の悪いほど静まりかえっている。いつもなら気にならない犬の遠吠えが、この日に限ってやたらに聞こえてくる。しかも一匹や二匹でなく、何におびえたか、飼犬も野良犬もそろって鳴きだしたような気配《けはい》である。黒猫が一匹、塀の上をあわただしく走る……。

坊やは泣いている。犬の鳴き声も、深くたちこめたもやも、坊やは知らない。ひたすら泣いている。

このとき

「坊や、なにを泣くの?」

と、声がする。驚いてあたりを見まわすがどこにも人の気配はない。いぶかる小さな影に向かって

「坊や、こっち、こっち」

と、ながしの下の羽目板の破れ穴から奇妙な顔が覗いた。驚いたことにそれは身長一センチそこそこの小人であった。おそらく空地に口をあけたこわれた下水管からはいだしてきたのだろう。一見《いっけん》人間のようなかたちをしているが、よく見ると頭には角がはえており、背中には羽根がありしっぽもある。まったくおかしなかっこうである。歩く動作はのろいが、土間から台所にかけての上がりぶちも、そのままどんどん昇ってくる。手のひらに吸盤のようなものでもついているのだろうか。全体の動作が遅いわりには、腕の動きだけは非常に速い。とくに指先は――人間の眼にははっきり見えないが――非常な速さで活動しているようである。

思わぬものの出現に、しばらくは息をのんでいた坊やも、その風采《ふうさい》に似合わないやさしそうな表情に気がついて、思わずにこっとする。

いつか見たおとぎ話の本にあったような小人――父ちゃんが一度だけそんな本を買ってきてくれたっけ。その父親の顔と、目の前のびんとが坊やの頭の中で重なる。やはり父親はこわい。

小人のためにいったんは泣き止んだ坊やの目から、またまた涙がぼろぼろとこぼれ始めた。

上がりぶちに腰をおろした小人は、腕を組んで首をひねっている。

「ねえ坊や、どうしたっていうの」

「ぼく、とても困っているんだ……」

坊やにとっては小人よりも、目の前のびんが大切なのだ。

「なにをそんなに困っているんだい」

「買ってきたお酒を、うっかりこのびんの中にあけてしまったんだ。これ、今晩父ちゃんが飲む大切なお酒なんだよ」

「なんだい、そんなことか。別に困ることはないじゃあないか」

「でもびんの中には、はじめから水が入っていたんだ。ぼくはてっきりそれが余ったお酒だと思って、つい、一緒にしてしまったんだ。あとで気がついてちょっとなめてみると、やはり、ううんと水っぽいんだ。水とお酒がまじっちゃったんだよう……」

「なるほど、それでお父さんに叱られるのがこわいってわけだな」

こういいながら小人はするするとびんのふちから中に入りこんだ。そしてしたり顔で液体に口をつけてみる。

「ひゃあ、これは水っぽい酒だ。それとも酒っぽい水かな」

「だから困ったんだよう……このあいだも安いお酒を買ってきたら、こんな水みたいな酒が飲めるかって、どなられたんだよう……」

「覆水盆《ふくすい》に返らずか。これは困った……」

小人はびんのふちに腰をかけたまま考えこんだ。

「水とお酒をまぜるのはやさしい。赤ん坊でもできる。ところがまざったものを別々に分けるのはえらくむずかしい仕事だ。これは大人にだってできない。世の中にはこんなこともあるんだなあ……。

〝行く〟の反対は〝帰る〟。〝立つ〟の反対は〝すわる〟。〝あげる〟の反対は〝さげる〟。これらはみな、どちらの動作も同じように可能だ。ところが〝まぜる〟の反対は〝分ける〟。これは一方ができて、その逆はできない。考えてみれば不思議なことだ。よし、それではひとつ坊やのために、ひとはだぬいでやろう」

「ひとはだぬぐって、小人の小父《おじ》さん。いったいどうするの」

「お酒と水とを分けてしまうのさ。そうすりゃあ、もうお父さんに叱られなくてすむだろう」

「そんなことができるの？」

「できるとも。こう見えても小父さんはなかなか芸達者なんだよ。

さてと……はじめにお酒と水はどれくらいあったのかね？」

「ちょうど同じくらいだったんだ」

「そうか。それじゃあその薄い板を……それそれ、それをびんの真ん中にはめ込みなさい。そら、びんの中は右と左で半分ずつになった」

「だって、右も左もまざりものだよ」

「まあまあ、そうあわてなさんな。さて小父さんが境の板に、ほんの小さな窓をあけてこれに扉をつける。こんな細工はなれたものさ。とんとんとん……と。もう作ってしまった。ところで坊や、水というのはこまかくこまかく分けていくと結局は水の分子というものになるんだよ。それからお酒の方も水とは違った小さな分子からできているんだ。この小さな分子がまざってしまったんだから、こりゃあ人間わざではどうにも分けようがない」

「小父さんにはそれを分けることができるの?」

「そうなんだ。さいわい水の分子もお酒の分子も動いている。びんの中をのぞいても、中の液体は止まっているようだが、分子は活発に運動しているんだ。この運動を利用してお酒と水とを分けてしまおうというのさ。小父さんには超人的な能力が二つある。一つは目の前にある分子を見ることができるということだ。いま一つは、この小さな小さな窓を自由に開閉できるという能力だ。人間の眼がどんなによくったって分子を見ることはできないし、いくら精巧なピンセットを使ったって、こんな小窓を開いたり閉じたりするのは不可能だ。さてと……早速もとどおりのお酒をつくろう。大分暗くなってきたな」

「うん、もうじき父ちゃんが帰ってくる……」

「そうか、それじゃあ急がなけりゃあいかん。小父さん一人では時間がかかって仕方がないから、仲間を集めてスピーディーにやろう。おーい、みんな集まれ!」

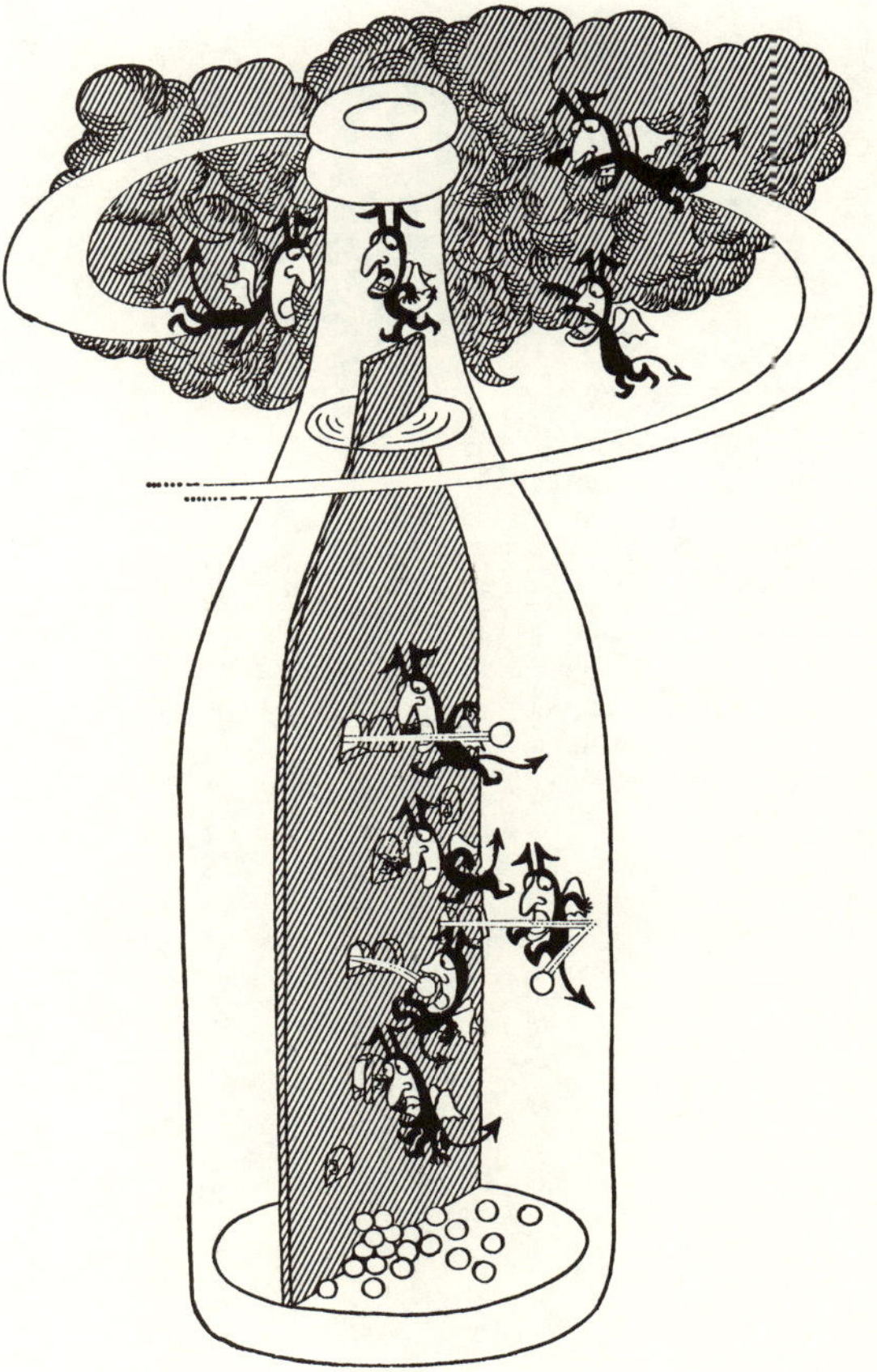

小人たちの働き

するとどうだろう。空地につながる下水の入り口から同じような小人が、あとからあとからぞろぞろとはいだしてきた。みんな同じように、角も、羽根も、しっぽもつけている。

「さあこの板に窓をつくれ！」

の号令一喝、数十人の小人はびんの中央に仕切られた境の板に窓をつくり、それぞれが窓ぎわにかまえる。液の中にもぐっている小人も多い。彼らは液体の中でも、平気で生きていられるらしい。

「いまからわしの言う通りにする！」

と最初の小人が命令をくだす。

「われわれの作った窓は非常に小さい。だから見てわかるように、この窓にはポツン、ポツンと分子が一つずつぶつかるだけだ。次のことはよく覚えて、絶対に間違えるな！

右側から酒の分子がきたら、窓をしめる。

右側から水の分子がきたら、窓をひらく。

左側から酒の分子がきたら、窓をひらく。

左側から水の分子がきたら、窓をしめる。

これ以外には、なにもしなくてもいい。もっともこれ以外には、われわれはなにもできないけどな。さあはじめ！」

小人たちは言われた通りに窓の開閉を始めた。とはいっても、彼らのすることは、やってくる分子を見定めることと、扉を動かすことだけである。分子をしいてよび込もうとしているわけでもなければ、力ずくで押し返そうというのでもない。自分のできる範囲のことをのんびりやっているだけだ。

しかし窓を閉めれば分子ははね返り、あければ素通りする。これは当然である。その結果どういうことになるか？

びんの中の仕切りの右側の部分はだんだん酒が濃くなり、左側の半分は水の割合が多くなっていく。小人の命令をよく考えてみれば、このことは明らかである。

「小父さんたちは不思議な力をもっているんだなあ」

「さあどうかな。力持ちではないんだけどね。窓のあけしめをしているだけなんだからね。でも人間のできないことをしていることは確かだね。

もうずっと以前だが……そう、正確にいうと一三〇年まえ、一八七一年の頃だ。イギリスにマックスウェルという電気の研究で名高い物理学者がいて、私たち小人のことを本に書いているんだよ。英語でいうってえと、『セオリー・オブ・ヒート（熱の理論）』という本だ。もちろん彼は私たちの仲間に会ったわけではないんだが、いろいろ知恵をしぼった結果、こんな小人がいたらどんなことになるか想像したわけだ。私たちは地下にもぐっていて誰の目にもふれなかったはずだが、うまくみすかされたわけだね。

その働きぶりが超人的だというので、彼はわれわれを悪魔（デモン）と名づけたが、悪魔は少しひどいな。だって坊や、小父さんたちはちっともこわくなんかないだろ」

「うん、こわくなんかないや。ぼくは小父さんたちのために大助かりさ」

「まあとにかくよかったね。ほらもう、ほとんど酒と水とに分かれてしまった。これで坊やもお父さんに叱られずにすむわけだ」

「小父さんたち、どうもありがとう」

「さあ、もやのでているうちに私たちは帰らなけりゃならない。こんな天気の日には、またでてくるかもしれないよ」

こうして小人たちはぞろぞろと下水管に帰っていった。父と子の夕食はいつものように楽しかった。その頃にはもやも消えて、空地の空にはいつものように星がまばたいていた。

小人たちは働いた

これを機会にもやの濃い日には、小人たちは空地のそばの坊やの家へちょいちょい遊びにくるようになった。そうしてときどき、おもいがけない手助けをした。

うっかり水の中にインクを落としてしまったとき、彼らはそれをもとのインクと水とにきれいに分けてしまった。まざった液体の中に区切りのガラス板を設けてこれに小窓をあけ、窓を通る分子を一方通行にしたのである。

そのほか濁った水からきれいな水だけを分離してみせた。食事のときには、みそ汁やおつゆから、まずい成分だけを巧みに抜きとって、とびきり上等の味にした。どんな高級ホテルの料理人にもぜったいつくれなかった味である。

街はずれの家におもしろい小人たちがくるという噂がぱっと広まった。人々は相ついで坊やの家を訪問した。そうして小人たちにいろいろなことを頼んだ。多くの場合、小人たちは喜んで協力した。

公害問題の処理が多かった。この地方は工場の煤煙のため空気のよごれがひどい。大きな講堂や学校の教室の窓はとざされ、そのかわりに小人のつくった無数の小窓があけられて、ここからはきれいな空気だけが部屋の中に入ってきた。そんなことなら、いっそ煙突にふたをしたらというので、煙突が外界と隔離されて、害にならない気体の分子だけが空気中に流された。小人たちはどんな熱さにも平気なのである。

結局彼らは非常に精巧な集塵器の役目をしたのである。この頃から小人たちは、だんだんと工業に利用されるようになった。化学工場の工場長は彼らを丁重《ていちょう》に招聘《しょうへい》して、空気中の酸素と窒素の分離をお願いした。こんなことは小人たちのお家芸である。またたく間に大量の酸素と窒素を、さらに副産物として水素やアルゴンも手に入れることができた。氷点下一九〇度にも冷やして液体空気をつくったり、あるいは大量の電力を消費して電気分解するなどの手間はいらなくなった。

宇宙船に乗り組んで、船内の空気の浄化にもひと役かった。電算機室の湿気を除くのもたやすいことである。海水から真水をつくり、同時に食塩の製造にも貢献した。彼らには同位元素の分離も可能である。天然ウランから、ウラン二三五を分離して濃縮ウランをつくり、原子力発電にも力を尽くした。

人類は栄えた

それから長い長い年月がたった。人類の繁栄は続いた。場末のスラム街はとり除かれ、その跡にはビルが建った。地球では、石炭も石油も、あらゆる化学資源が消費し尽くされていた。さらにウラニウムのように核分裂を起こす元素も、重水素のように核融合の材料になる物質さえも、残りすくなくなっていた。それにもかかわらず人間は、地上で、空中で、海底で、地中で、自由自在に動きまわっていた。それらの動力源はなにか？

それらを動かしているのはすべて小人たちである。あらゆる種類のエンジンや火力発電機は、シリンダーのピストンを動かすことによって運転する。ピストンを動かすためには、シリンダー内が熱く、外側が冷たければいい。

空気でも海水でも、莫大な数の分子がでたらめな運動をしている。速く走るものもあれば遅いのもある。壁に小窓をあけ、小人たちにここで交通整理をしてもらう。速い分子はシリンダーの中へ、遅い分子は外へとふり分けてしまう。速い分子の集まった空気は熱く、遅い分子の集合は冷たい。小人たちのために、機械の内部は外側よりも自然に熱くなるのだ。石炭も、石油も、原子力もいらない。自動車はガソリンなしで走り、発電機はひとりでに回転して電線には常に電流がながれている。

泰平の世は続いた。人間はただ小人たちを適当におだてていればよかった。その結果はどうなったか……。

人間は横着になった。生産意欲がなくなった。不遜《ふそん》になった。ものを考えようとはしなくなった。危機感というものはまったくどこかに置き忘れられてしまった。長年の習慣はおそろしいもので、この繁栄が、まったく自分たちの手で建設されたように思いこむようになったのである。

なかたがい

ついにたまりかねて小人の代表は、これまた人間の代表である大統領に面会を求めてきた。

「人間がたよ。あなたがたはあまりにもなまけすぎてはいませんか。もう少し額に汗して働いたらどうです」

「われわれがあなたがたにとやかくいわれるすじあいはない。あなたがたは黙って窓の開閉をしていればいいのだ」

「でも見ていると、人間たちはまったく仕事というものをしていないようですがね」

「ほう、仕事……確かに遠い昔にはそんな言葉があったなあ。でもねえ小人さん。そんな時代遅れの言葉がいまどき通用しますかねえ。それでは逆にうかがいますが、あなたがたは仕事をしているんですか？　あなたがたはただ窓のそばに寝そべって、やって来た分子の種類に応じて窓の開閉をしているだけじゃあないですか。自分の真ん前に球が来たときだけ拾い上げるという殿様野球と同じじゃあありませんか。

もしあなたがたが、必要な分子は積極的に引っぱってくる。そして不要な分子は力ずくでも排除するというのなら、あなたたちの労働も認めますよ。でも小人の中に一人でもそんな気のきいた働きをするひとがいますか。小人こそ最も横着な動物じゃあありませんか」

さすがは人間である。小人の泣き所をちゃんと心得ている。このいい分には小人の代表もさすがに弱ったようだったが、ひどく感情を害したことは確かである。

「なるほど、われわれは一人として積極的な行動はとっていない。しかし人間の今日の生活はわれわれあってのことだということを忘れないでほしい。あまり使用人扱いしないでくれ」

「使用人を使用人と考えるのが、なにがおかしい。君たちはえらそうに自分で空気を温めているような顔をしているが、空気を温めているのは君たちでなく太陽であることを忘れるな！　君たちはただ分子の選択をしているにすぎないんだ」

「そんなにいばるならわれわれはもう止めだ。みんな引き揚げさせてもらおう」

「ああ勝手にしたまえ。もう君たちのような生意気なものの世話になるものか」

売り言葉に買い言葉で、人間と小人の間の交友関係はたちまちにして決裂してしまった。あっという間に小人たちは姿をくらました。

その後の人類

それからというのが大変である。人間は大いそぎで燃料集めをはじめる。ところがすでに地球での燃料はとぼしく、太陽はやがて燃えつきようとしているのだ。長年のあいだに生産されてきた多くのロケットを使って他の星へ飛んでみる。しかし宇宙のどの星も斜陽化している。多くの星は原子核融合によって光り輝いていたが、これとて重水素という燃料のつきるまでの命である。宇宙全体が老年期に入ったいま、新星の爆発などという現象はめったに見られなくなっている。

人間世界の動力はあちらでもこちらでもストップさわぎが起こった。電気もつかなくなってきた。暖房もとぼしく、食料も不足がちだ。やがて飢えと寒さで死ぬ人間があらわれてきた。

このときになって人間は、小人と喧嘩したことをつくづく後悔した。しかしいまとなってはあとのまつり、星はどんどん燃えつきて、あらゆる場所は一様な温度に平均化されていく。

人間はバタバタ倒れていき、少数のものだけが昔栄えたときに建造した巨大な防御陣地の中にたてこもっている。形あるものはくずれ、自然の姿にかえる。そうしてものをつくっている原子自身が、炭酸ガスや水をへて、最も単純なヘリウムなどに変化していく。地球の表面だけでなく、宇宙全体を通じて温度と物質の密度は、平均化されていくのだ。

この温度は非常に冷たい。氷点下二六〇数度……とても人間がまともに住める状態ではない。星は次々に姿を消し、物質は宇宙いちめんにばらまかれる。

宇宙の死はゼンマイのほぐれるように……

現在太陽は照り輝いている。われわれの孫の代、またその孫の代になっても太陽に大きな異変が起こるとは思われない。その意味では孫をもつ人、孫の子をもつ老人も、地球の冷却を心配するのはとりこし苦労である。しかしもっともっと長い目でものを見る人があったら……太陽といえども、無限にエネルギー源を蓄えているわけではない。核融合による熱放射といえども、いつ

繁栄ののちに来るもの

かは尽き果てるときがくる。

かりにその頃まで人類が生存していたとするなら、彼らはおそらくロケットで太陽系以外への脱出をはかるだろう。そうしてどこかの惑星に安住の地を見いだすかもしれない。しかし、その惑星を照らす天体も、しょせんは太陽と同じ運命にある。ふたたびロケットによる移動が始まる。しかしどこの天体にたどり着こうと事情は同じである。人類は宇宙の放浪者になる。

今も昔も、移動を続ける遊牧民たちは、どこかに永遠に安住できる土地を求めているのかもしれない。しかし宇宙における熱的終焉《しゅうえん》、つまり物質密度と温度の一様化がもし予測されるとするならば、人類がいかに優秀なロケットを所持していたとしても、やがては滅びる以外にない。天体に蓄積されているエネルギーは宇宙に四散し、宇宙空間をわずかに温めるには役立つだろうけれども、とても生物の存在できる温度にはならない。

本当に宇宙の終焉はこのようなかたちでやってくるのか？　生物の生存は、ましてや人類の存続は問題ではない。もし熱的終焉が考えられるものならば、生物は——もっと一般的にいえば自己活動の機能をもつ有機物質は——、それよりもずっと以前に死滅していることであろう。いかに頭脳の発達した人間とて、例外ではあるまい。人間がその叡知《えいち》（？）にものをいわせて築きあげた防衛手段が、自然界の変化に対して、ネズミあるいはバクテリアなどよりもさらに大きな抵抗力を発揮し、最後の最後まで生きぬくことができるかどうかは、はなはだ疑問である。

オシャカサマの手の平のうちで

人類の滅んだあとなど、どうなろうとかまわないと投げだしてしまうのも一つの見解かもしれない。しかし知的好奇心というものが――おそらくこれは人間特有のものだろうが――、宇宙のなれの果ての姿を知りたがっている。その解答として、熱的終焉を考えるのが物理学における一つの学説になっている。特に統計力学の台頭《たいとう》してきた二〇世紀の初めには、この説を信じる人は多かった。一九一五年、アインシュタインの一般相対論が提唱され、この広い宇宙も限りなく伸びているものでなく、有限の大きさのものであると信ずる人が多くなった。

だが、さかんに観測衛星をうちあげているNASA（米航空宇宙局）の発表によると、宇宙は従来考えられていた大きさより数倍もひろがったものであるかも知れないという。それが事実とすれば、宇宙の物質密度は意外に薄く、宇宙の体積に限りがあるという可能性を否定するものであるかも知れない。つまり宇宙は〝開いて〟いて、どこまでも無限に膨張を続けているということも考えられなくもない……。

しかし、科学は断を下すに一部ジャーナリストのように速やかにして無責任であることをきらう。最近、ようやく実証的な色彩を濃くしてきた宇宙論ではあるが、まだあまりにもわからぬことの方が多いのが現状であるといえよう。人間の知的好奇心はとどまるところを知らず、努力と叡智がさらにそれにともなってきたから、われわれには知りえないことがないかのように錯覚するが、いつまで経ってもシャカの手の平にいた悟空のたとえが、意外や、人智にあてはまるかも知れない……。

時間がなくなる！

かりに宇宙が熱的終焉に達したとしたら、どうなってしまうだろうか。そのときには人間も生物も星もなく（特定の場所に質量がたまっているということがないのだから）、宇宙には広漠たる空間と、いたずらにときを刻む時間だけが存在している……。

というような文学的な（？）表現は許されないのではないか……と筆者は思う。なぜか？　熱的終末の状態では、宇宙には生物も星もないが、かりにものを考えるわれわれの魂だけはあるものとしよう。

空間とはなにか？　われわれが目の前に、三次元的なふくらみがあると認識することである。最も簡単には、この点Aとあの点Bとを指定したとき、ＡＢ間の距離というものが認識の対象になるようなものが空間なのである。

宇宙の密度がまったく同じになったとき、この点とあの点との相違を指摘できるだろうか。このとかあのとか、あるいは遠いとか近いとかいう概念は空間にくらべるべき物体があったり、観測者がものさしを持って空間の一定の場所に存在したり、さらには、一点から他の一点に走る特別な光があったりする場合にだけいえることではないのか。他にくらべて特に物質密度が高い場所があったり、温度の違いがあったりすれば、一点から他の点へ走る強い光はあるだろう。ところが宇宙はまったく等温である。たとえ微弱な光があったとしても、まったくデタラメ無差別に走っているだけである。ここ
とあそこを区別するなにものもないのである。宇宙空間を、三次元とか四次元とかいうことができるのは、そこに物質なり特定の光なりが存在しているからではなかろうか。

時間とはときの経過のことである。われわれは地球の公転と自転とによって最も感覚的にときの推移を知る。

だが極限状態ではもはや時計などという物体はない。時計などなくたって時間はあると反発されるかも知れない。しかし燃えつつある太陽もなければ、動いている地球もないのである。輝く星もなければ、ときたまやってくる（いつも同じようにやってくるのではないことに注意）磁気嵐、電波、重力波などというものもない。生物的現象はもちろん、すべての自然現象において、誕生、成長、繁栄、衰微、消滅という過程はなにも残されていないのである。一つの現象から他の別の現象へと一方的に移っていく事柄は（統計力学では、このように一方から他方へは移れてもその逆が不可能な過程を非可逆過程というが……）、まったく存在していない。すべての現象はあらゆる

非可逆過程を経過して、いきつくところまでいってしまったのである。すべてのものが変わらなくなってしまったのである。

現象の進行、とりわけ非可逆現象がまったくないところに時間が定義できるだろうか、いや時間が存在するだろうか。

筆者には、科学が自然認識の足場として用いている空間とか時間とかいうもの自体、それほど絶対的なものだとは思えない。天体あっての空間であり、非可逆現象あっての時間だと考えるのである（時計のふりこだけを見て文字盤を見ず、さらにその振動に前後の順序づけを行うことができないとすれば、だれが時間を告げうるであろうか）。

かりに魂だけがあっても、その魂に知覚される対象物はなにも残っていない。自然の中に比較できるものがなにもないからである。空間とか時間とか、いま自然界の基本概念と思われているようなものも、その存在を失ってしまう……。

タイムマシンはできないのか？

われわれの住んでいる宇宙は、はたして最終的にこのような姿になってしまうのであろうか。熱的平衡に進んでいこうとする自然界の傾向をどこかで阻止し、さらには逆転させるようなてだてはないものだろうか。

マックスウェルの考えだした魔物は、明らかに熱的終焉に向かおうとする現象を反転させるものである。あるいは、ことによったらタイムマシンを駆《か》って歴史を過去へ遡り、H・G・ウェルズの空想を実現させるものである。しかし、この魔物は単にマックスウェルの頭の中にだけ存在した想像物であり、まったく非現実的なおとぎ話なのであろうか。

本文で詳しく述べるが、読者の多くは「水のみ鳥」というおもちゃのあることをご存知のことと思う。店のショーウインドーの中などに置かれて、コップの中の水をくちばしでつついては頭をもち上げ、つついてはもち上げしている。ねじを巻くわけでもなければ、電池が入っているのでもない。ところがいつまでもいつまでも水のみ運動を繰り返している。

相対論で有名なアインシュタインがこれを見て、なぜ永久に運動を続けるのかそのからくりがわからなかったというエピソードがある。

こまかい機構は本文にゆずるが、水のみ鳥は太陽熱によって運動を続けている。まわりの熱を利用し、これを首振り運動に変えているのである。このことは多くの書物に解説されている。熱を仕事に変える……ということにおいては、エネルギー的な矛盾はない。熱を食っているのだから、無から有を生じているとはいえない。

しかし、いま一歩突っ込んで考えてみる必要はなかろうか。水のみ鳥の利用しているのは自分のまわりにある熱である。その熱を動力に変えている。われわれはそれを何度も見て知っている。単なる空論ではなく、おもちゃ屋に行けば誰にでも見られる「事実」である。

とすればまったく同じ理屈で、海水中の熱を利用して船が走れないものか？　大気の熱をとり入れて自動車の運転ができないのか？

水のみ鳥は小さいから……というのは理由にならない。小さくても大きくても、基本になる事実、あるいはその理論は重要視されなければならない。

まえに述べたように、熱的な機械が動くためには、そこに温度差ができることが必要であった。そして自然は、ほうっておけば温度差がなくなることはあっても、温度差をつくりだすことはなかったはずである。つくりだせるのは、マックスウェルの悪魔だけである。とすると、水のみ鳥にはマックスウェルの悪魔が巣食っているのだろうか？

一方には宇宙の終焉というような大きな問題、あるいは時間とは一体なにかという基本的な課題があり、他方には水のみ鳥のような極めて身近な話題がある。これらは共に自然現象の向きに対して絶対的とも思える制約を課す熱現象にからんだ、したがって同じ立場から考えられなければならない問題である。宇宙を対象にするような大きな思考も、案外身のまわりにてほどきのいとぐちがあるかも知れない。

宇宙の熱的終焉というスケールの大きい問題と同時に、同じ非可逆的なプロセスとして、人間の集団が営む社会的活動がクローズアップされる。大自然に熱的破滅という一方的な進行過程があるものとすれば、社会機構にもシンプルなものから複雑化、あるいは乱雑化へ……という片道通行があると考えなければならない。自然現象と社会科学では本質的に違うではないか……と思ってはならない。複雑化、多様性、平均的なものへの推移……というように問題をとらえてみると、自然と社会の両者の根底は、まったく同じ法則で支えられている、とも考えられるのである。

この法則とはなにか？　一口でいえば、「エントロピーは時々刻々に増大していく」という表現法が当てはまる。エントロピーとは、二〇世紀前半までは物理学者が熱力学や統計力学の中で使う言葉であった。ところが現在では計算器械、事務機構、さらには社会問題を論ずる際にも、欠かせない概念になりつつある。自然現象——大きく言えば宇宙の進展——と、人間社会のこまごました繁雑化とが、あまりに類似していることに人々が気付き始めたからにほかならない。

それなら、宇宙に熱的終焉が考えられるなら、人間社会にもその複雑性のための滅亡が予測されるのか？

大いにあり得ることだ……と筆者は思う。宇宙法則に対しては……その遠い未来は、現在の自然科学ではまったく謎としかいいようがない。ところが人間社会の方は……もっと、もっと近い将来に、終末がやってくることが考えられる。人間が宇宙の将来を思索しているその足もとに、まったく同じ法則で人類の滅亡がしのび寄ってくることが充分予想されるのである。

しかし、このこと――つまり社会生活の複雑化のために訪れる人類の危機については、本文で必要な概念を理解したのち、改めて巻末で詳しく考えてみることにしよう。

このような問題に対面するとき、いつもそのシニックな片鱗をちらりと覗かせるマックスウェルの悪魔が居る。ときには動力のない自動車を運転し、あるいは時間の概念を根本的に変革してしまう能力のあるマックスウェルの悪魔は、熱的な現象や不可逆的な推移をまともに解こうとする人の前に、自然界の不思議さを、これでもか、これでもかと押しつけてくるように思えるのだが……。

I

永久機関のはなし

働け、働け、もっと働け！

私事にわたって恐縮だが、筆者の中学生時代は太平洋戦争のさなかであった。「撃《う》ちてし止《や》まん」あるいは「欲しがりません勝つまでは」などと、緊張度一〇〇パーセントの標語が街にあふれ、学生は「学べ、学べ」のかけ声に追いまくられた。やがて戦争の激化とともに、学生は農村や工場へ勤労動員にかりだされると、かけ声は「働け、働け」に変わっていった。

それでもときおりは授業も行われる。当時「修身」という科目があり、いわゆる道徳教育を教わっていた。戦争初期の頃には、まだ個人のモラルがその題材であったが、中期以降、いよいよ日本もうかうかしてはいられない頃になってくると、個人の人格よりも、いかにして国に尽くすかに教科内容がしぼられてくるようになった。

といっても、中学生のできることはたかがしれている。結局は「遮二無二働いて国難を乗り切れ」に尽きるのである。粉骨砕身、獅子奮迅、滅私奉公……、配給ものに行列をつくったり、衣料が切符制になったり、とにかく物資は欠乏していたが、言葉だけはずいぶん豊富にあったものである。

さて、いつ頃のことかははっきり覚えていないが、この修身の教科書に「能率」という言葉がでてきた。定義好きの教師は、さっそく黒板に書いた。

「能率とは、最少の労力で最大の効果をあげることである」

これを見て筆者はおやっと思った。何となく場違いな感じがしたのである。最少の労力とは、できるだけ骨休めをしろということらしい。いまのいままで、修身の教師はおろか、日本中のどんな言論でも、いかなる刊行物でも、「少ない労働で」などと説いたものはない。何でもかでもとことんまで働けというのが、国を挙げての方針ではなかったのか。げんに修身の教師自身がついこのあいだ、ビスマルクの金言（?）として

「働け！　もっと働け！　あくまで働け！」という（いまにして思えば）まことに味も素っ気もない教訓を紹介したばかりである。ああ、それなのに、この忙しい戦争のさなかに、しかも修身の時間に、骨惜しみの奨励などをしてもいいのかしら……と心配したのである。

ああ、日本人気質

しかし、よく考えてみると、労力は少なく効果は大きく……とはうまいことをいったもんだ、これが本当ではなかろうか……とひそかに思ったものである。なにしろ当時は、その結果がどうであれ、額に汗して働くことが最大の美徳であった。簡単に、巧みに仕事を完成してしまう者よりも、未完成でも、あるいは失敗しても、休憩もせずに二六時中《にろくじちゅう》真っ黒になって働いている姿勢が褒《ほ》められた時代である。

だから「能率」の定義を聞いたとき、これは西洋的な思想ではないか……という気がした。西洋的なものはすべて排撃……の頃であったが、どうもそうばかりでもなさそうだ。修身の教師も「特攻精神」だの「玉砕戦法」だのと勇ましい言葉を並べているが、つい本音《ほんね》がでてしまったんではないか……と考えたのである。久しく耳にしなかった「合理主義」をちらりと覗いたおもいがした。

話はこれだけのことであるが、どうも日本人というのは、勤勉精神が旺盛に過ぎるような気がする。ビスマルクの言葉など、外国人としては特例ではないだろうか。

話は急に変わるようだが、ここで物質的な意味での文化の進歩というものを考えてみよう。たとえば三〇〇年の昔と現在とをくらべた場合、数限りないほどの機械がつくられている。乗り物だけに例をとっても、自転車、オートバイ、自動車、汽車、電車、船舶、飛行機、ロケットなど長足の進歩をとげている。が、残念ながら日本人の手による発明は皆無に近い。

日本に発明、発見の少なかった理由はいろいろ考えられるだろう。国際的に孤立していたこと、為政者の関心が闘争や国内政治ばかりに向けられていたこと、民間の有識者（たとえば僧侶など）は形而上的な問題だけを追究したこと……などが挙げられる。しかし、機械がつくりだされなかった原因の一つに、日本人はあまりに勤勉すぎたということがあるのではなかろうか。

機械は横着精神の結晶である

一三〇年あまり前までは、日本には駕籠《かご》という極めて非能率的な交通機関があった。ものを運搬する手段としては、最もしんどい方法の一つである。くるまにしてころがした方がはるかに楽だ。なぜ楽をしようと考えなかったのだろう。

もちろん大八車のようなものはあった。しかし、でこぼこ道をころがすときあまりに振動が激しいので、人間の運搬には適さないと考えた。駕籠をかつぐことばかりに夢中になった。

横着精神を発揮して、そんなしんどいものはいやだと投げだしてしまったらどうだろう。といっても人間を運ばないわけにはいかない。そこでくるまが考えられる。振動が激しい。それを防ぐためには（道路の整備は無理だとしても）車輪や軸受けの改造に気がつくはずである。これを人間が引っ張る。駕籠ほどでないにしても、やはり大変な力仕事だ。ここで、人間が力をださなくても、くるまが走らないか……と、いささか突飛とも思われることに頭が向かなければならない。骨惜しみをする人間ほど、突飛な考えに一所懸命になるものである。とにかく過去の日本人の思想に、このようなずるさを求めるのは、いささか無理なような気がする。夜の海を双眼鏡片手に敵艦を捜索しつづけた海軍軍人の猛訓練が、かえってレーダーの発達を遅らせることになった。

現在われわれの周囲にある機械あるいは器械を見ても、ほとんどが、横着精神の所産だといえ

骨惜しみする奴ほど突飛なことを考える

る。洗濯機や皿洗い器はその典型である。劇場へでかけるのが面倒だというのでラジオやテレビができる。車の振動を減らすためには道路を舗装すればいいが、もっと能率よく車輪の触れる部分だけをたいらにしたのが鉄道である。

骨惜しみが（いいかえると、人力によるエネルギーの出し惜しみが）、蒸気機関、内燃機関、電気によるモーターの回転、ジェット機関などの開発につながっていく。そうして、人間と同じくらいの大きさの機械でさえ、人力によるものの何百倍、何千倍ものエネルギーを供給するまでに至っている。

横着の権化

横着精神から話を進めてきたが、世の中で最も横着な機械を求めたら、それは何に行きつくかということを考えてみたかったのである。実用的に便利かどうかという意味ではなく、理屈の上から最もとくな装置は何であろうか。

自動肩叩きとか、自動靴磨きなどは横着の権化《ごんげ》のようなものであるが、これらが動くためには電力が必要である。

しかし電力を消費しながら、その代償として機械を動かすのでは、あたりまえすぎて面白くない。石炭や石油のような燃料も使いたくない。それにもかかわらず、肩を叩くなり靴を磨くなりの動力がほしい……。

動力さえ得られれば、あとのからくりは適当な装置によってまかなえる。肩を叩かせるのもいいだろうし、皿を洗わせてもかまわない。得られた力が大きければ発電機をまわして電流を得ることも可能になるし、何百キロもある鉄材をビルの屋上まで持ち上げることも考えられる。要はいかにして電気や燃料などの外部的な助けを借りずに動力を得るかにある。このように好都合な機械ができれば、これこそ横着精神の粋を極めた装置である。

永久機関への挑戦

外部からの援助をまったく借りずにものを動かそうとするからくりは、昔からいろいろと考えられてきた。もし成功すれば水車や風車にたよることなく、人の労力も使わず、電気代を払う必要もなく、石炭も石油も買うにはおよばない。まさに濡れ手に粟《あわ》のはなしである。

この濡れ手に粟の機械のことを永久機関という。電気や熱、あるいは風や水による仕事を供給することなく、しかも永久に仕事がとりだせるからである。永久機関というものが、古くはいつ頃からクローズアップされてきたかははっきりしないが、類似の思想はギリシャの昔からあった。そして一六世紀頃には、これについてかなり突っ込んだ研究が行われたようである。以来、粉屋の親父やエンジニア、絵かき（たとえば本章中扉の絵はオランダの芸術家エッシャーのアイディア）やお坊さんにいたるまで多くの人が、このような機械をつくるために寝食を忘れて考え続けた。錬金術師が何とかして金《きん》を作りだそうとした努力と同じほどの精力がついやされたのである。その結果はどうであったか？　大儲けをした者が現れた。永久機関が完成したのか？　そうではない。永久機関をネタにした詐欺《さぎ》で儲けたのである。

専門外のひとが科学に弱いのは洋の東西を問わない。現在の日本でさえ一寸《ちょっと》した科学的情報が——たとえば新しくカラーテレビの技術を開発したというような噂が——、たちまちにして兜町での株価に大変動をもたらす。ましてや暗黒時代の中世や、科学の誕生間もない頃ではなおさらである。金の完成間近しといえば有力なパトロンがつくだろうし、永久機関ができあがったと宣伝すれば金持ちのスポンサーがよろこんで提携《ていけい》を申しでるだろう。

永久機関についての大きな詐欺事件の一つとして、一八世紀の初期におけるオルフィレウスの自動輪というのがある。これは、直径四メートルほどの大きな歯車が水平面に対してわずかに傾いて設置されたものである。歯車の円周に近い部分に四ヵ所ほどおもりがとりつけられて、これが真下にきたとき、左のカムにあたって上方にずれるようになっている。歯車の高い部分にきたおもりは落下の勢いで歯車をまわす。こうして次から次へと高い部分におもりがやってきて、歯車は永遠にまわっている……という、いまから考えれば全くたわいのないからくりである。

もちろん落下したおもりはカムにあたってその勢いをそがれ、理屈としてこれが永久に動く道

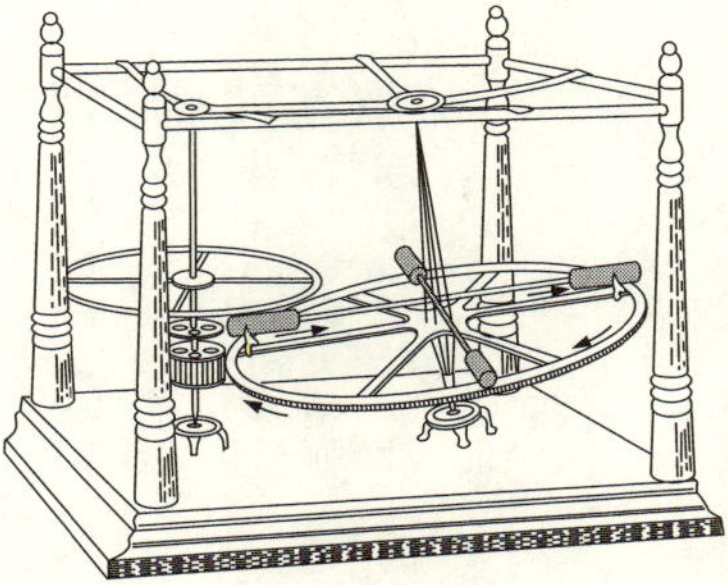

図1　オルフィレウスの自動輪

理がない。そのほか軸受けにあるまさつや空気の抵抗のために、遅かれ早かれ歯車は止まるはずであるが、オルフィレウスは機械の主要部分を巧みにかくして、しかも人間を床下に入れて、下から綱を引いてこれを動かしたらしい。

　彼はこのインチキ設計図を持って、好事家《こうずか》たちの間をまわって売り込みを策した。それも自国のドイツ国内にとどまらず、ポーランドやロシアの王侯まで説き伏せたといわれている。

　当時のヨーロッパのいわゆる上流階級の人たちの間には、有名な画家、音楽家、探検家などの後援者《パトロン》になろうとする風潮が強かったが、偉大な発明家（?）オルフィレウスも、多くの人たちから経済的援助をうけて贅沢三昧《ぜいたくざんまい》の生活を送ったといわれている。特に工業技術に大きな関心をもち、しかも大の好事家として有名なロシアのピョートル一世を相手に、一〇万ルーブルで、この機械をレンタルマシーンとしてロシアに輸送する契約がまとまったといわれている。

結局この商談はピョートル一世の死で実現しなかったが、彼の機械はあちこちで展示され、多くの人たちから驚嘆と讃辞をかちとった。

出る杭は打たれるで、やがて彼の機械にケチをつける人たちがではじめた。が、どうしてもそのごまかしを見破れない。

結局はインチキが露見してしまったが、そのいきさつが大変俗っぽい。オルフィレウスは女秘書に機械の操作や事務の運営をすべてまかせてあったが、彼と秘書の関係を疑った細君との間が険悪になり、ついに大喧嘩に発展し、女秘書が一切の秘密をぶちまけたというのである。

はなしの最後のくだりは真偽のほどが必ずしも確かでないが、とにかく永久機関と名付けられて世にでるものは、このような結末に終わるものが多い。

永久機関のからくり

これまでにさまざまな永久機関が発表されているが、どんなものが考案されたか、絵で見るのがわかりやすいだろう。

(1)傾斜の違う三角形にかけられたリング

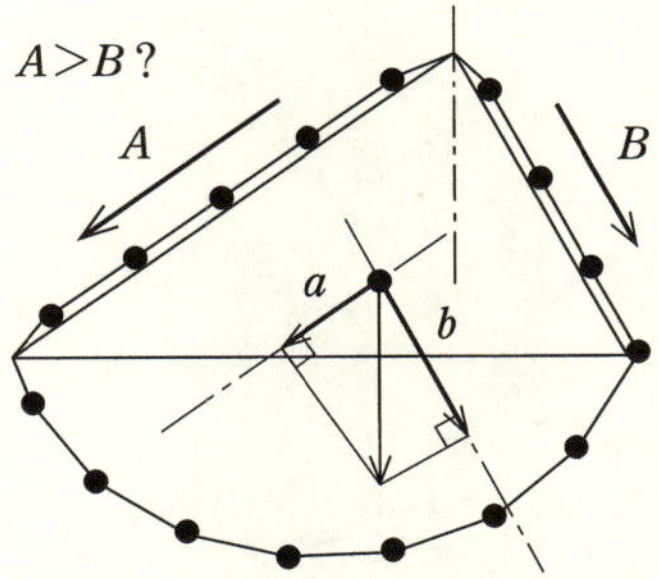

図2　鎖を使った簡単な永久機関

図2のような右の斜面と左の斜面とのかたむきの角度が違う三角形がある。この両方の斜面を通してリングをかけたとき、右側よりも左側の方に鎖はたくさんあるから、左に引く力の方が強いだろう（$A>B$）……だから三角形の頂点を通り越えて、リング状の鎖は左へ移動するから、全体ではリングは時計と逆の向きにまわるだろう……。この種の永久機関はかなり古くから考えられていたようである。実験装置も簡単だから、おそらく試してみた人もあったに違いない。

もちろんこれがまわるはずはない。確かに左斜面に乗っている鎖の方が長いが、鎖一個あたりに働く重力の、傾斜に沿った方向の成分は、傾斜のゆるやかな左側の方が小さく（$a<b$）、個数の多さを完全に相殺している。三角関数をならった学生諸君は、「斜面に沿って下方に働く力は、傾角のサイン（sine）に比例する」などとやるが、こうした数学的な証明が、物理実

験によって支持されるのは面白い。

これをもう少し複雑化したのが図3である。左側の鎖の方が長いが、だからといって左側が下がるわけではない。図にAが大きいように描いてあるのはうそであり、ななめになっているぶんだけ力はそがれる。

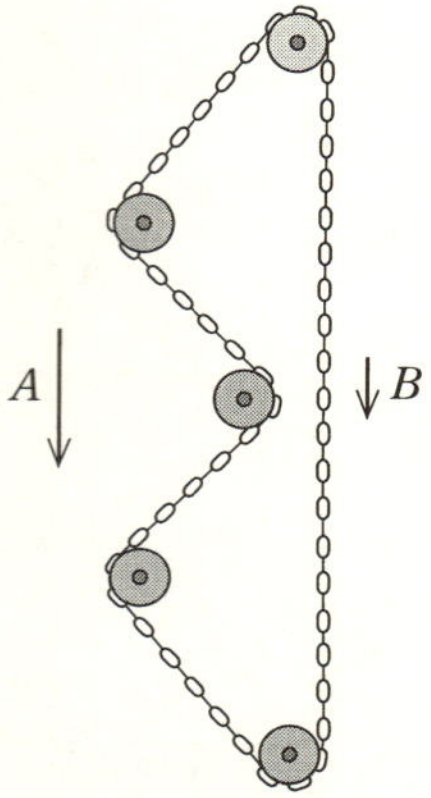

図3　前図を改良した永久機関

(2) 磁石を利用した永久機関

この原理は英国のウィルキンス僧正の発明（？）になるというが、斜面の上の端に非常に強力な磁石が置かれている。鉄の玉は、この磁石に引かれて坂道をぐんぐん登っていく。ところが坂の頂上付近に穴があり、玉はボトンと下に落ちる。そして落ちる途中でくるまをまわす。鉄の玉は斜面の下までくるが、再び磁石に引かれて登りはじめる。これを永久に繰り返すと、くるまのまわったぶんだけ仕事が得られるというわけである（図4）。

もちろんこのからくりはインチキである。磁石が強力なら（市販の磁石には、こんな強いものはないが）、鉄の玉が坂道を登る……ということは考えられる。しかしそんなに強い磁石なら、坂道に穴があっても落ちることなく、磁石の方に走って磁石にくっついてしまってそれで終わりで

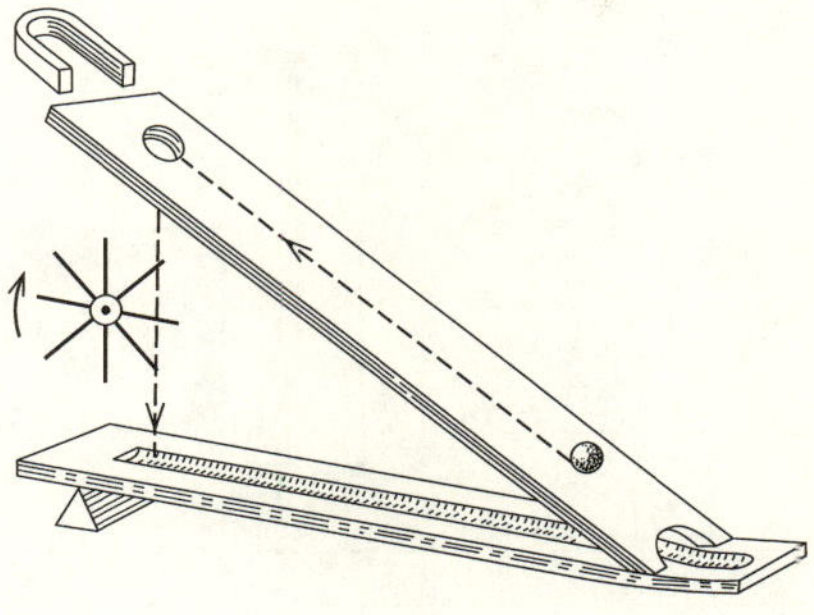

図４　ウィルキンスの「マグネティカル・バーチューズ」の原理

ある。ときのウィルキンス僧正、自らはデザインするだけと称し、決して作ってみせたりはしなかったというから、自分の手だけはよごしたくない人のいるのは、昔も今もかわりがない。

⑶電気仕掛けの永久機関

二種類の物質（たとえばエボナイトと絹のようなもの）をこすり合わせると電気が起こる。また、円柱状の物体に針金を巻きつけてこれに電流を通すと、円柱はそのまま棒磁石になる。これを電磁石という。この二つの原理を利用して作ったのが図５のような永久機関である。

最初だけ手で左側の円板をまわしてやる。下部にまさつする物質がふれ合っており、円板は電気を帯びる。この電気が電磁石に流れ、磁石はすぐ左側の鉄片を吸いつける。するとクランクが右に動いて、左側の円板

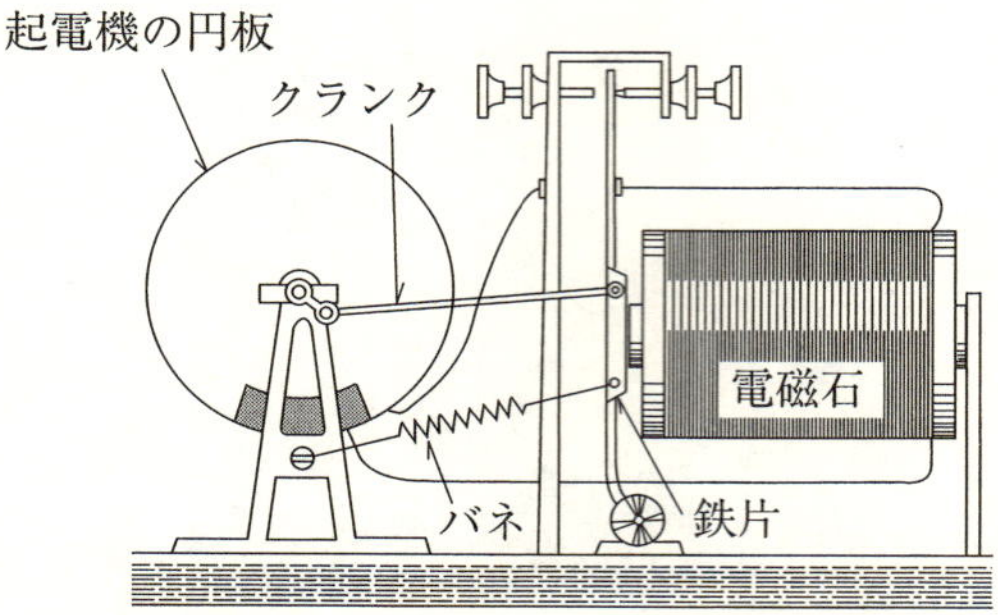

図5　自動起電機と称する永久機関

を半回転させる。次に張りきったバネが縮み鉄片を電磁石から引きはなす。その力でさらに円板はまわり、まさつ電気が起こり、ふたたび電磁石に電気が流れる……。だから円板の軸の回転を利用して、靴みがきなり肩叩きなりが無償でできるというわけである。

　このはなしも、もちろんまともでない。円板がまわれば、まさつによって電気の起こることは本当である。しかし電気抵抗によるエネルギーのロスや、鉄片の動くことによるまさつなどを考えると、機械の動きは直ちに減衰して止まってしまう。いわんや肩叩きのようなよけいな仕事をさせようとしても、虫のいいからだのみでしかない。

(4)毛管現象を利用したもの

　水の中に中空の細い管を突っ込むと、水は、管の中にひとりでに昇っていく。水とガラスの付着力が大きく効いているこの現象を、毛管現象（あるいは毛細管現象）といっている。ここでは、昇った水の落下を利用して水車をまわそうというのである。

これも空想だけで、実際には不可能である。水が細い管の中を昇っていくのは確かであり、たとえば手拭いなどでは繊維《せんい》のすきまを通って水が昇る。だから手拭いをつるして、その下部だけを水に浸せば上の方までぬれてくる。

しかし、このようにして毛管現象で昇った水は、たとえ穴があっても落下しないのである。水が、ガラス管や繊維にあくまでへばりついていると思えばいい。絵の、ステッキ状の管の中は水が一杯につまるだろう。しかし先端の穴からは、水はこぼれようとしない。

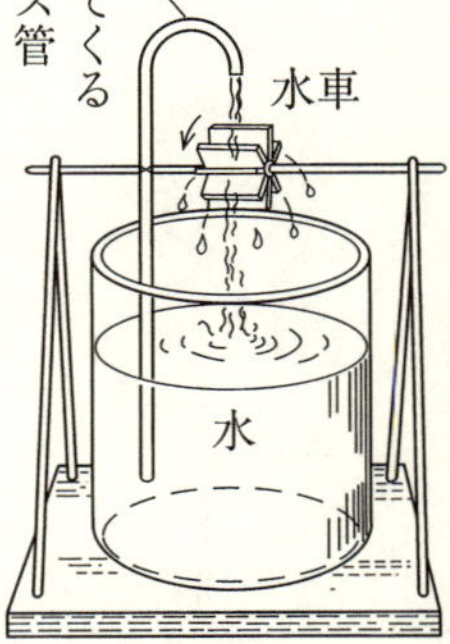

図6　毛細管水車

(5)左右の力の不均衡を利用してまわすくるまシーソーのように棒の中央部だけを蝶番《ちょうつがい》でささえ、この点を軸として回転できるようにしておく。天秤のように棒を水平にして左右に同じ重さのものを乗せるのであるが、中央の支点から左側のおもりまでの距離の方が、右側よりも長いとする。このとき棒はどうなるか？　もちろん左が下がり右が上がる。おもりは同じ重さでも、支えている点からの距離が長いほど、棒をまわそうとする力が大きいのである。

そこで上図のようなくるまを考えてみる。中央部だけが軸で支えられていて、自由に回転できるようになっている。油がよく効いていてまさつはほとんどなく、一寸力を加えただけでもすぐにまわりだす。

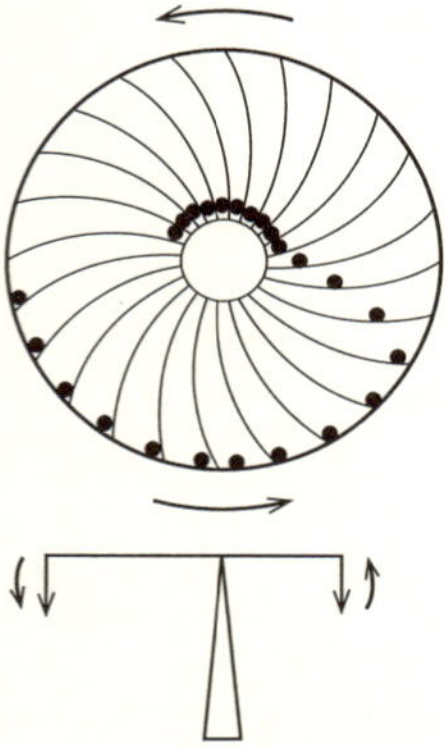

図7　不均衡車輪

ふつうのくるまなら、中央の軸から円周まで放射状に直線の「ごこう」がのびているが、このくるまはそれが山なりに曲がっている。これらの山なりの板の間に一つずつ、重い鉄の球が入っている。このときくるまはどうなるか。

図からわかるように軸の左側では、鉄球は中央軸から一番遠い場所にいくが、右側では山なりになっているため（実際には右側では山でなくて谷）、鉄球は谷の一番低いところに止まる。左側の球にくらべて、かなり内側である。つまり、軸に近い。とすると、さきの回転力のことを考えるとどうなるだろう。左は下がり右が上がる。単なるシーソーのときには、たとえ左が下がっても、適当なところに止まって、それでおしまいになる。ところがこのくるまでは、まわってもまわっても同じことが繰り返される。だから軸を発電機に結ぶなり、あるいは軸の回転を利用して綱を引っぱったり、ものを持ち上げたりすることが可能になる。これは第一種の永久機関（のちに述べるように熱力学の第一法則に挑戦する）ではないか。

もちろんこの機械もウソである。確かに左側の球は右側のよりも、軸から遠く離れている。しかしこの絵でいうと、くるまの右上の部分では球は谷にあるのに対し、左上の部分では山に登れず、ほとんど軸にくっついている。全体を考えてみると、時計まわりの力（正確にいうと力のモーメント）と、その逆まわりの力とが、ちょうど同じになっているのである。

なぜそれは不可能であるか

いろいろな永久機関を考えてみたが、いずれも結論は「そうは問屋がおろさない」であった。設計図だけを眺めて、すぐにボロがでるようなからくりが多いが、なかには非常に複雑なものもある。ごまかしの個所が機械の多様方式の片隅にかくれてしまって、簡単に発見できないようなこともあったが、とにかく永久機関というものは空想の域をでない。実際、あらゆる永久機関が、後述する熱力学の第一法則、あるいは第二法則にひっかかって原理的に不可能となる。

永久機関のごまかしについて正確な知識を得るために、話がいささか硬くなるが、ここでどうしても「エネルギー」という概念を理解してやらなければならない。

物体が高い位置にあること（位置エネルギー）、引きしぼった弓や無理に伸ばしたバネなど（これも位置エネルギーという）、物体が走っていること（運動エネルギー）、ものが熱いこと（熱エネルギー）、電気がたくわえられていたり針金に電流が流れていること（電気エネルギー）など、これらはいずれもエネルギーをもっている状態である。音をだすということは発音体から空間に音波のエネルギーを流すことであり、物体から光や熱や電波を空中に放射することも、結局はエネルギー放射という言葉で統一される。先のオルフィレウスの自動輪をもう一度考えてみてみると、回転するカムがおもりの位置エネルギーを高めるときに、運動エネルギーを消費するが、結局両方のエネルギーは相殺してしまって、あとに何ものこらぬことがわかるだろう。

永久機関というのは、結局はないところからエネルギーをつくりだそうという装置のことである。そうして、これらはすべて不首尾に終わった。

永久機関の例に限らず、すべての物理現象を通じて、無からエネルギーを創造するという事実はみつかっていない。原子の世界、さらには原子核の内部にまでたち入って、陽子、中性子あるいは中間子などの振舞いをみても、エネルギーというものは、その形態を変えることはあっても、全体としての量は一定と思われる。これを「エネルギー不滅の法則」あるいは「エネルギー保存則」とよぶが、現在の物理学はこの法則の基盤の上に成立している。

エネルギー保存則が出たのは一八四〇年代であるが、そののちでも、永久機関に固執する人間はひきもきらなかった、といわれる。一九世紀も末、資本金一〇〇万ドルで設立されたキーリー・モーター・カンパニー（アメリカ）などはそのよい例であった。金に目のない連中をだますのにいささかの痛痒《つうよう》も感じないジョン・キーリーが死んではじめて、出資者たちはまんまと一〇〇万ドル（当時の金で）をしてやられたことに気がついたのである。

キーリーは、「バケツ一杯の水が世界を変える力をもつ」とうそぶいて自らのモーターを実演してみせたというが、それは永久機関というよりも、もっと大胆にエネルギー保存則を無視したものであったといえよう。いや、キーリーが無視したわけでなく（彼はちゃんとかくれた所からそのモーターにエネルギーを与えていた）、スポンサーたちが無視するであろうことを、彼が見抜いていたというべきであろう。

もちろん科学する心というものは、あらゆる既成の概念をすべて疑ってかからねばならない。絶対真実だ……と思っているのは、頭でものを考えている人間である。人間の判断に誤りがないなどとは決していえない。

しかしもし、エネルギー保存則に疑問がもたれるような事柄がかりに起こったとしたら、それは日常現象にくらべてはるかに極端な世界……たとえば極微の素粒子の問題あたりであるかもしれない。人間のつくる大きな機械が、エネルギー保存則に反してどんどん仕事をつくりだす……などということは到底考えられない。永久機関はやはり問屋のおろさない装置である。

エネルギーの研究

物理学はその研究対象により、力学、熱学、波動学、光学、電磁気学などに分かれる。それらはさまざまな方法でとり扱われるが、全般を通して考えてみると、エネルギー変換のからくりを勉強しているのだ、と言えないだろうか。

落体の問題は位置エネルギーから運動エネルギーへの変化であり、ふりこの単振動などは相互の変換のくりかえしである。物体を水平な床の上で引っぱる場合は、仕事というエネルギーを熱エネルギーに変えることになる。電熱器のはなしは、電気エネルギーから熱エネルギーへの変換現象である。

ふつうに機械とよばれるものは、エネルギーの変換装置のことである。たとえば

＊モーター　電気エネルギー→運動エネルギー
＊電灯　電気エネルギー→光のエネルギー
＊電熱器　電気エネルギー→熱エネルギー
＊サイレン　運動エネルギー→音のエネルギー
＊発電機　運動エネルギー→電気エネルギー
＊熱機関　熱エネルギー　→運動エネルギー

などである。

石炭、木炭、石油などは多量の熱をだす。ローソクも規模は小さいが、光や熱をだすことについては同じである。これらの場合、何が熱エネルギーに変わったのか？

石炭、石油、ローソクなどに、もともとエネルギーがあったと考えるのである。炭素原子が複雑に並んだこれらの物質は、燃焼後の炭酸ガスなどよりはエネルギーが高いとするのである。石炭や石油のように、物質そのものが持つエネルギーを化学エネルギーという。デンプン、たんぱく質、脂肪なども化学エネルギーを持ち、動物の成長に一役買っている。

燃焼とは化学エネルギーの解放のことである。この解放も、かまどの中や熔鉱炉の中で行われている限りでは大変有効だが、人家の木材の化学エネルギーに解放現象が起こるのは、決して有り難いことではない。

しかも一度解放現象が起こると、それが隣接物に次々と波及していくのは、自然現象、社会現象を通じて、共通の傾向のようである。

俵をかついでも仕事とはいわない

ものが高い所にあったり、電気を帯びていたりしたら、われわれはそこにエネルギーがあると指摘することができる。

しかし、エネルギーの中にはもっと風変わりなものがある。大そう使い馴れた言葉だが、これを「仕事」という。仕事とは、してやらなければ現れないエネルギーである。

その決め方は、物理の教科書に書かれているように、ある力でものを引っぱって（あるいは押して）、それを動かしてやるのである。式にすると

（仕事）＝（力）×（ものが力の方向に動いた距離）

となる。

ここでよく誤解が生じる。たとえばある人が六〇キロの俵をかついだとする。そのままはしごを昇っていけば、この人は仕事をしたことになる。仕事の結果は、俵の位置エネルギーの増加になる。

ところがこの人が俵をかついだまま、じっと立っていたらどうか。このときには、なにも仕事をしていないのである。俵をかついでいるだけでも大変な重労働ではないか、軽いものを持ち上げるよりもよっぽど骨が折れるといわれるかもしれない。骨が折れ、出る汗の量は多くても、やはり仕事は零《ゼロ》である。

筆者が教室で学生から受けた質問に、「先生、かついだままじっとしているといっても、実は目にみえないぐらいのこまかい上下運動をしているのではないでしょうか」というのがあった。彼はしきりと微積分の考え方なども例にひいた。なるほど上下運動をしているのであれば仕事で

ある。しかし、この質問では、人間が現に疲れるのに仕事がゼロとはおかしいではないかというので、上下運動をもちだしてみたのであって、その解答は医学もしくは生物学の領域にある。物理学では、かついだ俵がもし絶対に静止しておればそれは仕事をしているといわず、また実際に運動をしているのであればそれ相応の仕事をしているという。

人が俵をかついでいるということは、一メートル五〇センチの台の上に俵を乗せてあるのと同じことである。このとき台は仕事をしているといえるか？　全然していない。

人間がくたびれるのは、人間の身体の生理的な現象である。肩を非常に強く圧迫されたとき、人間の筋肉は異常に緊張する。新陳代謝がはげしくなる。人間の持つ化学エネルギーが消費され、熱エネルギーに変わる。その結果人間は疲労する。

疲れるばかりで少しも仕事をしないのだから、エネルギー的に考えたら最も損なことをしているわけである。あとで足腰が痛くなるくらいなら、さっさと台の上に乗せてしまえばいい。

もっともこれが体操の一種であり、適当な疲労はかえって身体のためにいい……というならはなしは別である。せっかく身体に蓄積された化学エネルギーを、すべて熱エネルギーに変えてしまうということは、最もまずいやり方である。つまり、同じエネルギー仲間でも、熱エネルギーは他のエネルギーにくらべて、悪質の状態にあるといえる。

もう一つ重要なこと

エネルギーについての一般論にもどろう。無からエネルギーをつくりだすような濡れ手に粟のはなしは、この世に存在しないことがわかった。だから物理学とは何ぞやの問いに対しては

「物理学とは、エネルギーの推移を研究する学問である」

また工学に対しては

「工学とは、いかにしてエネルギーを人間にとって有効なかたちに変化させるかを工夫する学問である」

と答えられる。いや、答えられた。

答えられた、と過去形にしたのは、物理学や工学がこのような趣旨で推進させられたのは、二○世紀前半の傾向だからである。それでは現在ではどうなのか。物理学の研究にエネルギー以外に、まだ大切なものがあるのか？

エネルギーの研究は、現時点といえどももちろん重要である。地球の石油資源はあと数十年で消費され尽くしてしまうといわれている。だから人間は原子核分裂を実用化し、原子核融合の実験をすすめている。これなど、エネルギーの研究の代表的なものである。

ところが、エネルギーのほかにも重要なものがある。それを説明していくのが本書の目的であるが、それについては章を追ってだんだんと述べていく予定である。

そんなにもったいぶらずに、すぐに説明しろといわれるかもしれない。それなら、こんな例で考えてみたらどうだろう。

われわれは食物をたべる。そのさい、なるべくカロリーの高いものの方が望ましい（ふとるからカロリーの低い方がいいという人もあろうが、ここではあくまで一般論で話をすすめる）。それではカロリーさえ多ければいいのか。戦争直後の食糧難のころには、あるいはそうであったかもしれない。しかし現在のように食生活が豊かになると、カロリーばかりを問題にしてはいない。

直接カロリーには関係ないが、ビタミンという重要な要素を忘れてはならない。ビタミンは体の中の代謝を円滑にして、とり入れた栄養をいっそう有効なかたちにする。あるいは量的な意味ではカロリーが必要だが、質的な考え方ではビタミンが重要である……というような表現ができるかもしれない。

物理学も工学も、それらが進歩すればするほど、研究の対象は量的な意味での多寡から、質的な多様性へと移っていく。自然科学にかぎらず——たとえば社会機構の複雑化ということを考えてみても、同じようなことがいえるのではなかろうか。ときがたつに従って、たんに量的に比較できたようなものも、性質の違いが生じて、簡単に多い少ないの基準だけでは推定できなくなってくる。量をくらべるまえに、質のよしあしを判断する必要にせまられる。

自然界では……量的な意味で問題なのはエネルギーである。それでは質的な立場から重要視されなければならないものは何か?

わかりやすい言葉でいうと、これを「情報」とよび、わかりにくい言葉を使うと「エントロピー」という……。

II

エルゴード仮説より

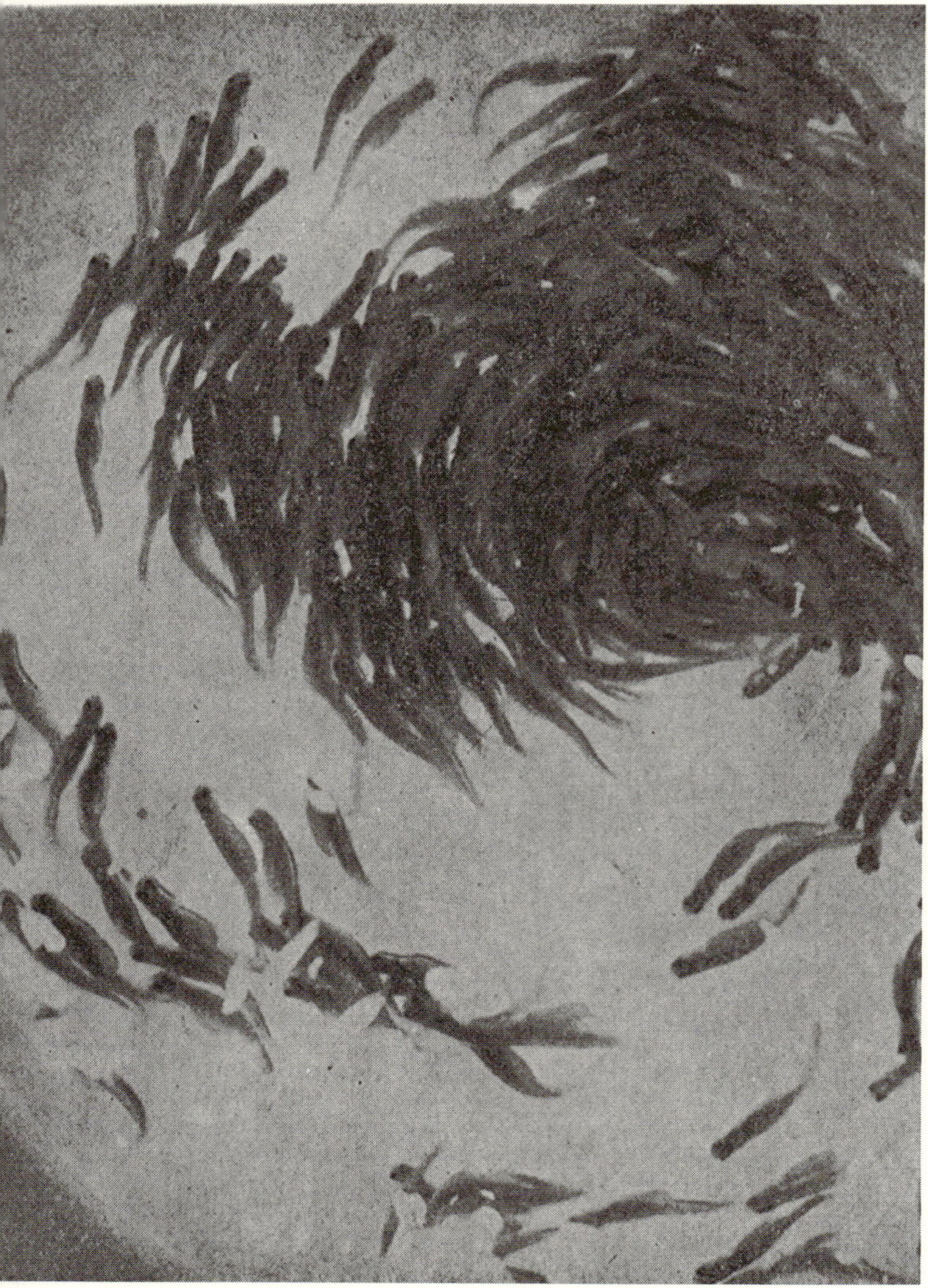

ある昔話

昔々、ある村に、大そう正直なおじいさんが住んでいたそうな。朝から晩まで仕事にせいをだして、自分の田畑を耕すだけでなく、村の道路を直したり、深い草地をきり開いて山道をつくったり、いろいろと村の人たちのためにつくしたという。

おじいさんの働きぶりに感心した庄屋さんは、その頃には大そう貴重なものとされていた砂糖と塩とを、どちらもかますに一〇袋ずつ褒美としておくり届けて、正直じいさんを表彰した。

ところがこれを見て、おさまらないのが隣に住む欲ばりじいさん……。

「ねえ庄屋さん。わたしだって村のために一所懸命働いているんですぜ。あの山の道だって、あそこの川に渡してある橋だってみんなわたしがつくったんでさあ。わたしにだって隣のじいさんと同じだけ、砂糖と塩をくれたっていいんじゃあないですか」

本当は山道も橋も、正直じいさんのつくったものなのである。欲ばりじいさんは砂糖と塩とがほしいばかりに、一所懸命に嘘をついた。

「なるほど、そういうならお前にも砂糖と塩とをやろう。隣のじいさんと同じだけやれば文句はないんだな」

「へへへへ、その通りでございます。庄屋さんはものわかりがいいや」

欲ばりじいさんはお世辞をいって帰っていった。

翌日、欲ばりじいさんの家に、二〇個のかますが届いた。

「世の中はおとなしくしていちゃあ損だ。嘘でもいいから、貰えるものは貰っておくにかぎるさ。さてと、このかますからあけてみるか」

かますから壺に白い粉が移される。

「はてな、これは砂糖かな、それとも塩だろうか」

こう言いながら粉を指につけてなめた欲ばりじいさんの顔といったら……世にも奇妙きてれつな表情だ。

「なんだい、この味は」

まさに、しょっぱいような甘いような顔とは、こんなのをいうのであろうか。

次のかますをあけてみると、これも同じようにへんてこりんな味だ。次のかますも、その次のかますも、文字どおりあましょっぱい味がする。

欲ばりじいさんは庄屋さんの家へ走っていった。

「庄屋さんはわたしに、砂糖と塩とをくれる約束だったじゃあありませんか。それなのにとんでもないものが届いていますぜ。わたしは、庄屋さんは一度だって約束を破ったことのないおひとだと信じていましたがね」

欲ばりじいさんは、せい一杯の皮肉をいったつもりである。

「ほう、わたしが約束を破ったとでもいうのかね」

「へえ、その通りで……わたしは砂糖と塩とがほしかったんで……」

「だから砂糖と塩とをわざわざお前の家まで運んだんじゃあないか」

「え、あれが砂糖……冗談いっちゃあ……」

といいかけたじいさんは、しばらく考え込んでしまった。じいさんもどうやら気がついたようである。

「そうさ。砂糖と塩さ。たしか、別々にやるとはいわなかったなあ……」

欲ばりじいさんは、しょぼしょぼと家に戻っていったという……。

だから、砂糖とミルクは別々に出される

たわいもないはなしだが、とにかく庄屋が嘘をいったわけではない。確かに砂糖と塩とを与えたのだ。

砂糖と塩とをよく混合して同じかますに入れたものは、なぜ嫌われるのか? まぜたために砂糖がサッカリンになるわけでもなければ、チクロに化けるのでもない。砂糖はどんな状態になっても(正確にいうと、砂糖としての分子が変化してしまわないかぎり)あくまで砂糖である。ということになると、結局、まぜるという事柄がわるいのであり、逆にいえば分離している状態の方が具合がいいといえる。

砂糖と塩とが半々では、味つけのうえであまり利用価値はないだろう。だから混合したものの方がわるい……わけであるが、これが混合を嫌うことの本質的な理由ではない。

分離した状態のまま貰えば、分離のままでも使用できるし、混合した状態でも（しかも五分五分と限らず、三分七分でも一分九分でも意のごとくに）使うことが可能であるが、まざったものは、まざったままでしか利用できない。いいかえれば、分離したものをまぜるのはたやすいが、一たん混合したものを再び分けるのは非常に困難である……ということのために、われわれは分離したものの方をより好むのである。

喫茶店でコーヒーを飲むとき、ウェイトレスが砂糖とミルクを別にして持ってくるのはこの理由による。

碁石の白をこちらの隅に、黒をあちらの隅にまとめておいて、赤ん坊にいじらせたら、必ずまぜてしまう。あとでしまうときには、大人が一所懸命に（まさかそれほどでもないが）分けて容器に入れてやらなければならない。

碁石の場合はまだ始末がいい。白石も黒石も指でつまむことができるから、たんねんに指先でより分ければ分離可能である。ところがこれが液体や気体だと、どうしようもなくなる。

砂糖とミルクはなぜ別々に持ってくる？

一リットルの容器が二つある。一方には零度Cの水が、他方には一〇〇度Cの湯が入っているとする。この二つの容器をくっつけて、境の壁をとり去ってみる。熱が外に逃げないようにつくってあるものとすれば、やがて五〇度Cの湯が二リットルできるだろう。

ところが最初から五〇度Cの湯二リットルがあったとしたらどうだろう。やがて左側の半分が零度C、右半分が一〇〇度Cになるだろうか。そんなばかなことはない。五〇度Cのものはもうこれ以上変化しない。

このように、まぜるはやすく、分けるのはむずかしい——あるいは不可能である——例は、かぞえ挙げたらきりがないほど多い。

液体がつぶに見える世界へ

碁石は、一つ二つとかぞえられる石だが、水や湯は物質ではないか……といわれるかもしれない。しかし、いわゆる物質とよばれるものは、最終的には分子、あるいは原子からできている。液体や気体が混合するという現象は、分子がたがいに入りまじっていくことである。この意味でそれは白黒の碁石と本質的には変わらない。碁石は指先でつまめるが、分子は小さすぎてとてもそんなことはできないだけのはなしである。

碁石はただ置いておくだけなら（赤ん坊も近づけず、猫にもいたずらさせなければ）、白は白でかたまっており、黒は黒だけで山をつくっている。

ところが分子というものは二六時中動いているのである。ただ固体の場合には、構成要素である原子ははげしい振動こそすれ、あっちへふらふら、こっちへふらふらと遠くまででかけていってしまうことは少ない。だから金塊の上に銀塊を重ねても、よほどの高温でないかぎり、両者が混合するという現象はみられない。

ところが液体や気体の分子は一ヵ所に定着していない。あっちこっちと勝手に動いてしまう。だから水にインクをまぜるときも、酸素と窒素を混合する場合にも、猫の手を借りる必要がない。それらはひとりでにまざってしまう。

砂糖や塩は枡《ます》で量れる物質ではあるが、とにかく固体である。だから混合させるためには手でよくかきまぜる必要があろう。まざったといっても、液体や気体のように分子の大きさのものが入りみだれているわけではなく、小さな塊（一ミリからその一〇〇分の一くらい）としてまざるのである。

「まざる」ということは、これからのはなしに非常に重要な現象としてとりあげていくが、今後すべて分子程度の大きさのつぶを考えていくことにする。物質は分子や原子からできあがっているとして、これらの粒子の性質をもとにして自然現象を説明するものをミクロな物理学といい、これに反して、水はあくまで流体としての一物質であり、最終的な粒子……ということまでは考慮しないやりかたをマクロな物理学とよぶ。

零度Cと一〇〇度Cとがまざって五〇度Cになる……というような現象的な記述にとどまるのがマクロの立場であり、実は二種類の分子が入りまじって云々《うんぬん》……ということになれば、すでにミクロな領域にまで踏み込んだわけである。

古典物理学はすべてマクロな立場で自然現象を眺めてきたのであるが、分子、原子の発見を境にして、ミクロ物理学が急速に発達していった。ミクロ物理学の主役をなす分子、原子は、ふつうにはまったく不規則な運動をしている。もしこれらの粒子の動きを支配できるものがあるとしたら……それはマックスウェルの悪魔である。

猿が木から落ちるのは

水にポタリと赤インクを落とす。最初は赤い玉から枝状のものが伸びていくようなかっこうになるが、だんだんと枝はぼやけて太くなり、かなりの時間がたったのちには容器全体がピンクになってしまう。このような現象を拡散という。「まざる」ということの典型的な例である。

なぜまざるのか?

なぜまざるかと言っても、水とインクではまざるのがあたりまえではないか。まざらなかったら、それは特殊インクを使っているせいだ……と言ってしまったのでははなしにならない。二階の窓から飛び出せばなぜ地面に落ちるのかの問いに対し、落ちるのはあたりまえだ、落ちなかったらそいつはお化けだ、と答えるのと同じである。

「あたりまえだ」と答えるのも一つの解答かもしれない。経験を信頼し、経験外のことは排除しようとする思想も、とにかく知恵の一つには違いない。しかし科学の研究においては、経験そのものも問題の対象として提起される。

物体が落下するのは万有引力のせいである。地球が物体を引きつけるからである。このことはもう少し別の表現法で説明することもできる。

物体は、高い所にあるほど位置エネルギーが大きい。そうして、支えるものがなかったら、物体は位置エネルギーが小さくなる方向へ動く。これは自然現象のすべてに対していえることである。

プラスの電気を帯びた玉と、マイナスの電気をもった玉とは、近づけば近づくほど位置エネルギー（この場合は静電エネルギーということがある）は減少する。だからプラスとマイナスはくっつきたがるわけである。プラスの電気どうしでは、近づくほどエネルギーは高い。そのため同種の電気は反発する。

猿が木から落ちるのは、下方に力が働くためだといってもいいし、木の上よりも地上の方がエネルギーが低いせいだ……と述べてもかまわない。位置エネルギーの多寡で、このように自然界の動きを総括的に説明することができる。

それでは水にインクがまざるのも、水の分子とインクの分子が近づくと分子間エネルギーが減少するためか？　水とインクとが引っぱりあいをするせいであろうか？

必ずしもそうとはいえない。一般に分子と分子の間には引力が働くが、水どうしの間にも引力があるわけであり、水とインクとが特別にくっつきたがっているとは思えない。分子間エネルギーは複雑であり、それが大きいか小さいかはひとくちにはいえないが、とにかくエネルギーを減らすためにまざるのだ……とする考えは正しくない。多少ともその傾向があったとしても、それが拡散現象を説明するほどには効かない。

要するに、「まざる」という現象は、これまでのはなしのように「自然界は位置エネルギーを減らす方向に移動する」という法則では解決できないのである。

福引きの玉は志と違って

水の分子とインクの分子とは大きさがかなり違うが、はなしを簡単にするために、水分子を白玉、インク分子を同じ大きさの赤玉にたとえよう。

福引き場でよくみかけるが、八角形の箱の中に玉が入っていて、把手《とって》をもってひとまわり回転させると玉がでてくる。赤なら五等でマッチ、緑色なら四等で半ダース入りの石鹸などが貰える。

誰しも一等の白玉をだしたいと願っているが、こと志と違って、マッチばかり二〇も抱えて帰ってくることがある。

一等の玉だって入っているはずであるが（なければ詐欺である）、これを引き当てた人はよほどのラッキーである。箱をまわすひとの意志とか欲望とかにはまったく無関係に玉はでてくる。もしインチキをやって、何番目かに一等がでるようにしても、自分がその順番のところで引かなかったら、なんにもならない。順番に関係なく、自分の番にかぎり一等がでるようにするためには、玉の出口に意志を持った小動物を置く以外にない。

そんな動物がいるとは思えないが、一センチたらずの福引きの玉を選《よ》りごのみする生きものを考えることは、必ずしも不都合ではない。

福引きの玉ではなく、分子のように小さなつぶに対して、このような操作をするもの……これがマックスウェルの悪魔である。

悪魔のはなしはしばらく措《お》いて、ふつうの玉についてもう少し考えてみよう。福引きのような八角形の箱でなくてもいい。

簡単な直方体の箱を考え、左半分に一〇〇個の白玉を、右半分に一〇〇個の赤玉を入れたとする。箱の中に、仕切りがあるわけではないが、静かに置けば玉は動かないから、左側は白く、右側は赤い。赤インクを水に落とした瞬間の状態がこれである。容器をガラス製にしておけば、外から見てよくわかる。

次に容器を充分に振ってやる。玉がよく動けるように、容器の内部には余裕をもたせておく（もし玉がギッチリつまって、振っても動かないようだったら……これは固体の模型に相当する）。長時間よく振ってやれば、容器の左の方でも右の部分でも、隅でも真ん中でも、赤と白とが半々になるはずである。これが完全にまざった状態である。

混合の説明として福引き玉をもちだしたのは、玉にすれば一つ二つというような勘定ができるからである。まざるとかまざらないとか口でいっているだけでは正確な記述は望めない。そこで、まざるという現象を説明するにも、数学的な裏づけが必要となる。物理学は、もちろん、このような量的な検討のもとに行われる。

まざり方の数学的裏づけ

一〇〇個では多すぎて計算が面倒だから、おもいきって、赤玉二個、白玉二個に減らし、なぜ半々にまざるかを計算しよう。

AとBが赤玉、CとDとが白玉とする。常に、容器の左側に二個、右側にも二個ずつ玉は入っている。容器を振れば（あるいは玉が勝手に動けば）、それぞれの玉は右へいったり、左へ入ったりする。いいかえると、たとえば玉Aに注目したとき、Aが左側にある場合と右側に入る可能性

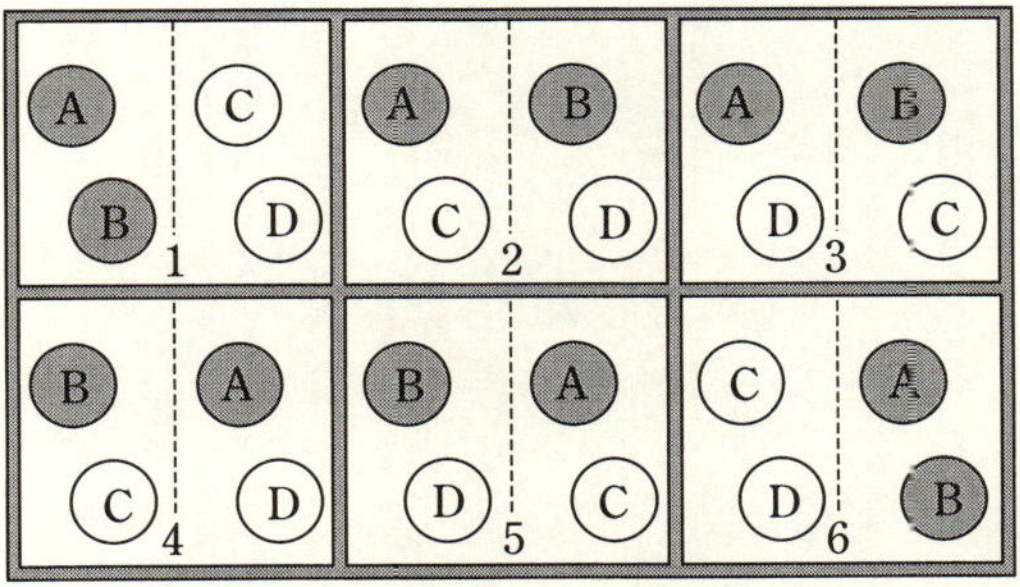

図8　赤玉と白玉のまざり方。「場合の数」は6通りである

とはまったく半々である。ただ、間違いなくいえることは、常に二つの玉が左、他の二つが右だということである。このことを考慮して、A、B、C、Dがどのような組み合わせで左右に分かれるかを描いてみると、上図のように六通り（番号1〜6）あることがわかる。

ものがまざる現象を説明する場合、徐々に混合していく「過程」を示すことは実は大変むずかしい。そこは一応さけて分離した状態と、まざってしまった状態とをとりだして、この二つを比較してみよう。

玉と玉との間には、引力も斥力《せきりよく》もまったくないものとする。このとき、1番から6番までの六個の場合のうち、どれが最も起こりやすく、何番目が最も生じにくいか……ということはわからない。生じやすさの難易を判断する根拠はなにもない。だから六つの場合は、まったく同じ可能性をもって実現する……と仮定する。

エルゴード仮説

このように、考えられるすべての状態のもつエネルギーに大小がなければ（たとえば図の1番目の場合はエネルギーが大きいが、2番目のケースは小さい……などということがなければ）、これらすべての状態は同じ頻度で起こりうる……とする仮定をエルゴード仮説という。玉を分子として、その個数が非常に多いときには、A分子が右に入るとかB分子が左側にあるとか、とにかく一寸した違いをすべて異なった状態だとみなせば、異なった状態の数は莫大になる。このようにわずかでも違う場合を全部考慮したとき、状態がいくつあるかという数のことを、数学では「場合の数」とか「組み合わせの方法（数）」とか呼んでいる。そうして、これらのすべての場合が、えこひいきなく公平に実現する……という仮定が統計力学でいうエルゴード仮説である。

エルゴードとはあまり聞き馴れない名前だが、ギリシャ語のエルグ（仕事）とオドス（道）とをくっつけてつくられたものである。

もう少し正確にいおう。たくさんの粒子を含む体系が、ミクロ的な意味で次々に別の状態に変わっていくとき（別の状態とは、粒子の位置の違い、速度の相違、細長い分子なら向きの違い……など、とにかく区別することのできるものは、すべて別の状態とする）、系がどのような状態にもいずれは到達する（正確にいうと、長時間ののちには、体系はこれこれと勝手に指定した状態にかぎりなく近づく……）ものと考え、これをエルゴード仮説というのである。

エルゴード仮説

ずいぶんややこしいいいまわしであるが、要するにさきの図8のように六つの状態があれば、それらはまったく同等の権利をもって実現するという主張である。

この仮説にしたがえば、容器の左側が赤く右側が白くなるのは図の1番目、逆に左白、右赤は図の6番目、赤と白とがまざっている状態は2番から5番までの四通りある。したがって、〝混合〟は〝分離〟の二倍の頻度で生じやすいと結論していい。六〇〇回測定してやれば、そのうちの四〇〇回前後はまざっていることになる。また、連続的に一時間観測していれば、のべにして四〇分ほどは混合の状態を眺めることになる。

これから、おいおい述べていく統計力学というものは、エルゴード仮説を土台として成り立っている。この仮説から出発した理論で、どうやら自然界の現象はうまく説明がつきそうなのである。したがって、これからのはなしは、すべてエルゴード仮説にしたがってすすめていくことにする。

しかし、仮説はあくまで仮説であり、自明の理だと思い込んではいけない。もしエルゴード仮説が破れるようなことがあれば、現在行われている統計力学はまったく御破算になってしまう。

こう言われると、統計力学とはいかにも頼りない学問のように聞こえるが、統計力学が自然現象の解明に大きな成果を挙げているのも事実である。疑うことは必要であるが、疑いのために先へ進めなかったとしたら、学問の進歩にとってマイナスになるだけである。

ピンク、ピンク、ピンク

玉の数が赤二個、白二個のように少ないときには、それでもまだ六回に一度のわりで左赤、右白になる。これを確率という言葉で表現すれば、左赤、右白になる確率は六分の一、左白、右赤の確率も同じく六分の一、全体がピンク色（つまり左右で赤白均等）の確率が三分の二である。

しかし玉の数が多くなれば、赤どうし、白どうしに完全に分離する確率は非常に小さく、一様にピンク色になる確率は圧倒的に一に近づく。

たとえば赤四、白四のときには、容器の左半分についていえば

①四個とも赤
②赤三、白一
③赤二、白二
④赤一、白三
⑤四個とも白

の五つの場合を考えなければならないが、それぞれの場合に何通りの実現の仕方があるかは、①と⑤では同じ、②と④も同じであることは、すぐにわかる。

計算してみると、①と⑤とはどちらも一通り（赤玉全部が左へくる。あるいは白玉全部が左へく

① 1, 2, 3, 1′
② 1, 2, 4, 1′
③ 1, 3, 4, 1′
④ 2, 3, 4, 1′
⑤ 1, 2, 3, 2′
⑥ 1, 2, 4, 2′
⑦ 1, 3, 4, 2′
⑧ 2, 3, 4, 2′
⑨ 1, 2, 3, 3′
⑩ 1, 2, 4, 3′
⑪ 1, 3, 4, 3′
⑫ 2, 3, 4, 3′
⑬ 1, 2, 3, 4′
⑭ 1, 2, 4, 4′
⑮ 1, 3, 4, 4′
⑯ 2, 3, 4, 4′

図９　赤玉と白玉のわかれ方の一例。②の場合。赤を１～４，白を１′～４′とする

るのであるから)、②と④とはそれぞれ一六通り(赤玉に関して四通り、その一つ一つの場合に対して白玉が四通り。図9参照)、③は三六通り(赤玉六通りの各々に対して白玉六通り)ある。

左右均一である③の場合が最も数多く生じることになる。

赤と白との個数を同じにして、玉の数を増やしていけば、左右均等の場合が、その他の状態にくらべて、ずばぬけて多くなってくる。だから左右均等(一様にピンク色)になる場合だけ、何通りあるかを勘定してみよう。完全分離の状態は、いかに玉の数が多くなっても、一通りしかない。

(玉の数)　(左右均等の組み合わせの数)

赤六、白六……………………四〇〇通り
赤八、白八……………………四九〇〇通り
赤一〇、白一〇………………六万三五〇四通り
赤一〇〇、白一〇〇…………ほぼ10^{60}通り
赤一〇〇〇、白一〇〇〇……ほぼ10^{600}通り
赤一万、白一万………………ほぼ10^{6000}通り
…………　…………

10^4を万、10^8を億、10^{12}を兆、10^{16}を京《けい》、10^{20}を垓《がい》……といい、最も大きな数として10^{88}を無量《むりょう》大数《たいすう》とよぶが、赤玉と白玉がそれぞれ百数十個のとき、均一にまざる可能性は、完全に分離する場合にくらべて、無量大数倍も多いことになる。

一〇〇個の赤玉と一〇〇個の白玉とが自由に容器の中を動いていて、これを観測し続けたとする。もしも完全に赤白が左右に分離した状態ののべ時間が一秒であったとすると、左右均一の状態を眺めたのべ時間はほぼ

10^{60}秒 $= 3 \times 10^{56}$時間 $= 10^{55}$日 $= 10^{52}$年

になり、地球の年齢である数十億年（10^8年の数倍）の10^{44}倍ほどになってしまう。だから、地球の誕生とともにこの容器を眺め続けた人がかりにあったとしても、この人が赤玉と白玉とが完全に分離した状態を認めることができるのは、一秒間よりも、遥かに遥かに遥かに……短い一瞬間（ほとんど、無いに等しい時間）である。

まんまるい玉が空間を走っている

水にインクのまざる場合は、おびただしい数の水分子とインク分子との混合である。数が多い

だけでなく、分子は単なる玉と違って、いろいろと複雑な問題をかかえている。
①水分子とインク分子とは同じ大きさではない。
②分子は複雑なかたちをしており、丸い玉ではない。
③分子の間には引力が働いている。つまりマイナスのエネルギーが存在する。だから数多いさまざまな状態が、同じ頻度で起こるとはいえなくなる。
④同じ水の分子では、これを分子Aとか分子Bとかに区別することはできない。分子とは、まったく個性をもたないものである。

このような事柄があるから、単なる赤玉、白玉の場合とは大分おもむきを異にするが、条件を適当にととのえてやることにより、さきの計算法を巧みに利用することは可能である。

①のようにA分子よりB分子の方が大きいときには、固体や液体では当然B分子の方が大きな空間を占有することになるが、そのことを考慮に入れて計算をすすめることにする。

気体では分子自身の大きさはあまり問題にならない。温度や圧力が決められれば、同じ数（たとえば10^{23}個というような膨大な数）の分子の占める体積は、分子の種類に関係なく、ほぼ同じであると考えていい。

②ヘリウムやアルゴンのような分子（これらは原子がそのまま分子である）は玉のように考えてもいいが（正確には球対称という）、H_2、O_2、N_2……などは細長いはずである。しかしこれらも、

気体であるときには、細長いということはあまり問題にならない。まんまるい玉が空間を走っている……とみなして計算してもさしつかえない。

磁石としての性質をもつ分子や原子などは、棒磁石の向きがどちらを向いているかが、きわめて重要な問題になってくる。そのときには、磁石（正確には磁気モーメント）の方向、その向きの違いも、ミクロな状態の相違として、「組み合わせの数」の計算に繰り入れてやらなければならない。

分子や原子が、電気的モーメント（分子内の、正電荷と負電荷との位置がくい違っていること）をもつ場合も、はなしは同じである。特に固体や液体の場合には、粒子の方向が重要視されることが多い。

③固体や液体の研究では、分子間の力（あるいはエネルギー）は当然考慮されなければならない。引力があるからこそ、分子や原子は集まって、固体や液体になるのだから。

気体の場合には分子間距離が非常に長いから、分子どうしの相互作用は小さくなる。気体の基本的な性質を調べるだけなら、相互作用なしと考えても支障はない。

④分子や原子（さらには電子とか陽子、中性子、中間子あるいは光子など）に個性がないということは、この世に存在する極微の粒子（もうこれ以上分けられない粒子を素粒子という）と、ふつうの玉（こちらを古典的な粒子とよぶことにする）との本質的な違いである。

粒子にAとかBとか名をつけられないことになると、当然勘定の仕方が変わってくる。このことはのちに量子統計という言葉で、改めて述べる予定であるが、ふつうの分子程度の大きさでは（電子のように軽いものでは、古典粒子とみなすことは絶対に不可能だが）、ふつうの玉のように考えて計算しても、それほどの不都合は生じない。はなしをわかりやすくするために、しばらくは分子を古典粒子とみなして、勘定していくことにしよう。

このように考えてみると、気体の研究では、分子を単なる玉と考えて、さきに行ったような計算法をそのまま踏襲《とうしゅう》していくことが可能である。

熱力学とか統計力学とかいう学問が、まず気体の研究から始まる理由もこのへんにある。

入り乱れる粒子

赤玉とか白玉とかをもちだしたのも、結局は分子や原子からつくられているさまざまな物質の研究をしたいためである。

玉はもちろん分子である。ところがふつうの物質（われわれが眼で見たり、手の上にのせることができるほどの物質、つまりマクロな体系）では、分子の数は非常に多い。さきには四個あるいは一〇個、一〇〇個、一〇〇〇個……などの例を引いたが、分子の数は、とてもとても、こんなものではない。

気体では、一立方センチの中に一兆の二〇〇〇万倍以上もの分子が入っている。たとえばいま、地球上に住む人間全部が三億円強盗に早がわりをしたとしよう。そしてみんながその三億円を一円アルミ貨で所有したと仮定したときの、全地球のアルミ貨幣の数が、一立方センチ内の空気分子の数の数分の一に当たる。一円アルミ貨で山と積まれた三億円そのものすら見当もつかないのに、これが地球上にあふれた様子など想像もできない。

分子がまざるということは、このように多くの数の玉が関係してくることである。一〇〇個程度の玉でさえ、混合は分離よりも遥かに起こりやすいのに、こんなにたくさんの粒子を素材にして、完全に分かれる場合と、入り乱れる状態とをくらべてみたら、後者の方がどれだけ大きな確率で出現するか、見当もつかないほどである。遅い早いの差はあれ、現実には気体は必ずまざってしまう……と考えてしまってていい。

二つのはなしを軸にして

I章で述べたことは、エネルギー不滅の法則である。II章でのはなしは、ものはまざるという現象の説明である。あるいはこの二つを、まるで関係のない二題話のように思われるかもしれない。

しかし……いささか極端ないい方をすれば、自然界の現象は、この二つの法則を軸として進行していると考えてもいい。

エネルギー保存則の方は、よく知られているように、自然科学の基本法則である。熱的な現象と力学的な研究とを一括して、その間のエネルギーの保存性を主張したものを、熱力学の第一法則という。

これに対して、分離の状態は、やがては混合という結果に追い込まれることを述べたものが熱力学の第二法則である。

第二法則は、単に水の中にインクが広がっていくような拡散現象だけでなく、溶液の問題はもちろん、固体のさまざまな現象、たとえば電流、磁気的性質、熱伝導、などから、エレクトロニクスにいたるまで、直接にあるいは間接にそれらを支配しているのである。

それればかりでなく、地球上でなぜ植物や動物が成長するか、子供がやがて大人になっていくからくりの本質はどこにあるかも、第二法則の立場から説明されなければならない。

第一法則は不変性を主張するものであり、それだけにわかりやすい。これに対し第二法則は自然界の現象の移動の方向を指定しているものであるから、理解しにくい点が多い。確率論で使う「組み合わせの数」のかぞえ方が、その知識の基礎になる。

しかし第二法則には、まだ不明な部分が残されている。第一法則を支持するのと同じほどの積極さで第二法則を認めることには、いささかのためらいを感じるのである。

この曖昧《あいまい》な領域から生まれた小人……これがマックスウェルの悪魔である。とにかく第二法則は、天下の趨勢《すうせい》の向かうところを示している。そうしてマックスウェルの悪魔たちは——ちょうど維新の際の新撰組のように——この趨勢に立ち向かい、ときには大勢を逆転しようとする集団のようなかたちで、統計力学を考える人たちの頭の中に現れてくるのである。

Ⅲ　確率から物理法則へ

ストーブの上でヤカンが凍る

科学に「ジーンズの奇蹟」というのがあるそうである。上の名は、もともと数学者でありながら物理、天文学、化学とさまざまな分野に才能を示したイギリスのサー・ジェームズ・H・ジーンズのことであろう。それによれば、真っ赤に熱したストーブの上のヤカンが、沸騰するどころか逆に凍ってしまうことも、ありうることだという。はたしてそんなことが起こるわけがないと、われわれ凡人は考える。机の上に置かれたお茶は、ほうっておけば冷たくこそなれ、逆に周囲の熱をうばってひとりでに沸騰したなどということは、毎日毎日お茶をのんでいて一度もあったためしがない。いや、人類の歴史にその記録もなければ聞いたこともない……。

ヤカンの例は結局、石の落下と同じように考えられる。一〇メートルの屋根から石が落ち、地面をわずかにころがって止まる。石の位置エネルギーは減った。そのぶんはどこへいったか。

物理学を信ずるとすれば、地面と石とが多少熱くなったはずである。しかし、発生する熱量はわずかであり、またそんな熱はすぐに散ってしまい、付近を歩いていたら足の裏が熱く感じた……などということはない。

とはいうものの、とにかく位置エネルギーが熱エネルギーに変わったことには間違いはない。

それでは地上に置かれた石が、付近の熱を集めてポーンと一〇メートルほどとび上がることは

ジーンズの奇蹟

ないのだろうか。

しかし、もしこの世に、熱力学の第一法則（エネルギーの保存則）しかなかったら、路傍の石がひとりでにとび上がってもいいはずである。あるいはストーブの上のヤカンが凍り、机の上の冷えたお茶がふたたびわきたってもおかしくない。

とび上がるのは石ばかりではない。街を走る自動車も、道を歩くひとも、林の中のリスも、まわりの地面あるいは空気から、それ相応の熱エネルギーをもらって空中高くとび上がっても、エネルギー保存則には矛盾しない。

これらのものがまわりから熱を貰うのには、暑い日であることを必要としない。三〇度の日なら自分のすぐ周囲を二五度ぐらいに、氷点下四〇度の気温なら氷点下四五度に冷やしさえすればいい。こんなことが実際に起こったら……とにかく大変なことになる。うっかり戸外にでられない。せいぜい低い天井の家に住んで、上に落ちても（？）、大したけがのないように二六時中、注意をおこたれない。

あるいは、ガスコンロの上にのせたヤカンの水が、これから沸騰するのか、それとも凍るのかわからないとしたら、家庭の主婦は大変である。

しかしこんなばかなことは現実には起こっていない。そして自然科学は実際の現象を忠実に記述するものである。とすると、エネルギー保存則（熱力学の第一法則）ではこの世のしきたりを説明するのにまだ不十分だということになる。こうして、自動車は自然にとび上がることはないという事実、あるいは机の上の冷えたお茶がふたたびひとりでに熱くならないことを法則化したもの……つまり熱力学の第二法則が必要になってくる。

石がひとりでにとび上がらないことがなぜ第二法則か

熱力学の第二法則とは、分子がよく混合することであった。石や自動車がとび上がらないことと、ものがまざることと、どう関係があるのか?

ここで当然、熱あるいはものの温度が高いとは、結局どういうことかということが問題になってくる。

気体の場合では、分子が空間を速く走るほど暖く、あるいは暑く感じられる。液体や固体では分子または原子が狭い領域で(隣の分子や原子がつかえているから)、激しく振動するほど高温になる。

これらの場合大切なのは、分子や原子がてんでんでたらめの方向に動いているということである。みんなが勝手な方向に動かなかったら、温度が高い、あるいは多量の熱をもっているとはいえない。

かりに気体分子全体が同じ方向に走ったとしたら風になってしまう(強風の日でも、風と逆向きに走る分子はいくらでもある。総計して、風の向きに走る空気分子が多いだけである）。

固体や液体の分子（または原子）だって、全部が揃って、右、左、右、左……などと振動することは絶対にない。

さきに、容器の中の分子は、全部が揃って右側に片寄る場合よりも、容器の中に一様に存在することの方が、遥かに遥かに大きな可能性をもつことを計算した。

右側に片寄るとは、おのおのの位置が揃うことである。位置がでたらめになると、みんなが勝手な場所にいくから、その結果容器のどの部分にも等しく分子が存在するという結果になる。

このようなでたらめさかげんというものは、分子の位置だけでなく、その速度についてもいえることである。みんなが揃って右に走るなどということは、極めて極めて起こりにくい現象である。右にも左にも、前にも後ろにも、上にも下にもまったくバラバラに動くことの方が遥かに大きな確率をもっている。

……というようなわけで、熱的エネルギーというのは、同じエネルギーのなかでも実現の可能性の大きな状態であるといえる。

エネルギーの良否

石が落下している。このときには石を構成しているすべての原子は、下の方に同じ速度で走っている。どすんと地面に落ちる。その瞬間に原子どうしがぶつかり合って地面の原子も激しく振動する。

落下の途中で石の原子のもっていた全運動エネルギーと、衝突後に石やその付近の地面の原子の得た運動エネルギーとは同じである。これがI章で述べたエネルギー保存則にあたる。

エネルギーとしては同じでも、振動する原子の動いている方向はバラバラになってしまった。揃っているものがバラバラになるのはたやすい。バラバラのものが再び揃うのは、よくよくの偶然である……というのがII章での結論であった。つまりそれが熱力学の第二法則である。このようなわけで石が落ちて熱エネルギーに変わることは少しも珍しくないが、逆に、まわりの熱を吸収して、石でも犬でもオートバイでも空高くとび上がる（つまり分子の運動方向が上方へ揃う）ということは考えられないことである。正確にいえば、非常に非常に確率の小さいことである。

砂糖と塩のまざったものより、分離したまま貰うことの方が遥かに嬉しい。これと同じ理由で、位置エネルギーと熱エネルギーとをくらべれば、その額は同じでも、位置エネルギーの方がとくだということになる。

イギリスの物理学者ジュール（一八一八―一八八九年）が、一八四三年に物体を落下させて、その力で水中の羽根をまわして水を多少暖める実験をした。位置エネルギー、運動エネルギーあるいは仕事のような力学的なエネルギーはジュール（J）という単位で表され、熱エネルギーは

カロリーという単位で表現されていたが、両者の間に

1カロリー＝4.186ジュール

という比例関係のあることを発見した。

しかしこれだけでは熱力学の第一法則にすぎない。これ以上にわれわれが知り得たことは、熱よりも力学的なエネルギーの方が良質だということである。

お茶はなぜさめる

茶わんのお茶はなぜさめるのか。さめないまでもそのままの温度をなぜ持続しないのか。あるいは、さめるの反対で、なぜもっと熱くなることがないのか。

ここまでくると、賢明な読者にはすでに解答が用意されているはずである。

熱湯に接して水があるとしよう。熱湯だけに注目すれば、分子はいたるところできわめて激しいでたらめ運動をしている。しかし隣接する水まで含めて考えると、片やはげしいランダムの運動、片やそれにくらべるとおとなしく、したがってでたらめさかげんの低い状態が実現している。すでに知ったように、自然界の現実はこれをおしなべてしまう天下の趨勢にある。

隣接する水のかわりに空気をもってくる。この場合は温度のちがう水どうしのようにはピンと

こないかもしれないが、やがて周囲の空気の分子もややはげしいでたらめ運動を始めて暖まり、エネルギーを分散させたお湯の分子は少しずつおとなしくなる。

こうして高温から低温へ熱が移動するという天下の趨勢が、実は、われわれの文明社会の方向を決める重要な問題となる。

いま、温度が零度の水一リットルと、一〇〇度の熱湯一リットルとが別々にある。一方には五〇度の湯が二リットルある。どちらがとくか。

一〇〇度の熱湯では液体分子が総体的に速く振動している。零度の水では遅い。両者が混合してしまったのが五〇度の湯である。水とインクの場合と同じように考えればいい。

一〇〇度と零度とを合わせて五〇度にすることはできるが、五〇度を再び一〇〇度と零度とに直すことは不可能である。だから分かれているものの方がとくだ……というのがこれまでの結論であった。この結論はいささか抽象的である。分かれている方がなぜ具合がよいか……もっと具体的な理由がある。

いかに高温でも（つまりどんなに熱エネルギーがたくさんあっても）、あたりいちめんに全部同じ温度だったら、この熱エネルギーを利用して、機械を動かしたり、くるまを走らせたりすることは不可能である。ところが「温度差」というものがありさえすれば、これを利用して自動車などを動かすことが可能になってくる。

電車やトロリー・バスはモーター、つまり電気の力で動くが、蒸気機関車、ディーゼル・カー、自動車、船舶、飛行機などは燃料をたいて走る。石油その他の燃料から高い温度をつくりだし、この高温を利用してピストンなどを動かし、その運動を車輪、スクリューあるいはプロペラなどに伝える。このような機械を熱機関という。

熱機関にはいろいろな種類のものがあるが、とにかく機械の内部を非常に熱くする……ということには変わりはない。だから熱機関を動かすには高温が必要だ……と思われている。

常識的には、このことは正しい。しかし理論的にいうと、熱機関の内部（たとえばシリンダーの内側）が、外部（ふつうには外部とはまわりの空気のことである）よりも温度が高ければいいのである。だから、熱機関の内部をふつうの温度（摂氏一〇度とか二〇度ぐらい）にしておいて、かりに大気の温度を氷点下二〇〇度にしたら（そんなことは事実上不可能だが）、自動車は動いてしまうのである。実際にはオイルの凍結その他の理由で機械はこわれてしまうだろうが、とにかく理論的にいって機関の動く原因は温度差である。

五〇度の湯だけでは、いくらたくさんあってもどうにもならないが、一〇〇度と零度のものなら、ものを動かすことはあながち不可能ではない（とても本物の自動車を動かすまでにはいかないが）。

温度差があれば機械が動くのはなぜであるか。それを知るには、いささか工学的な話になるが、

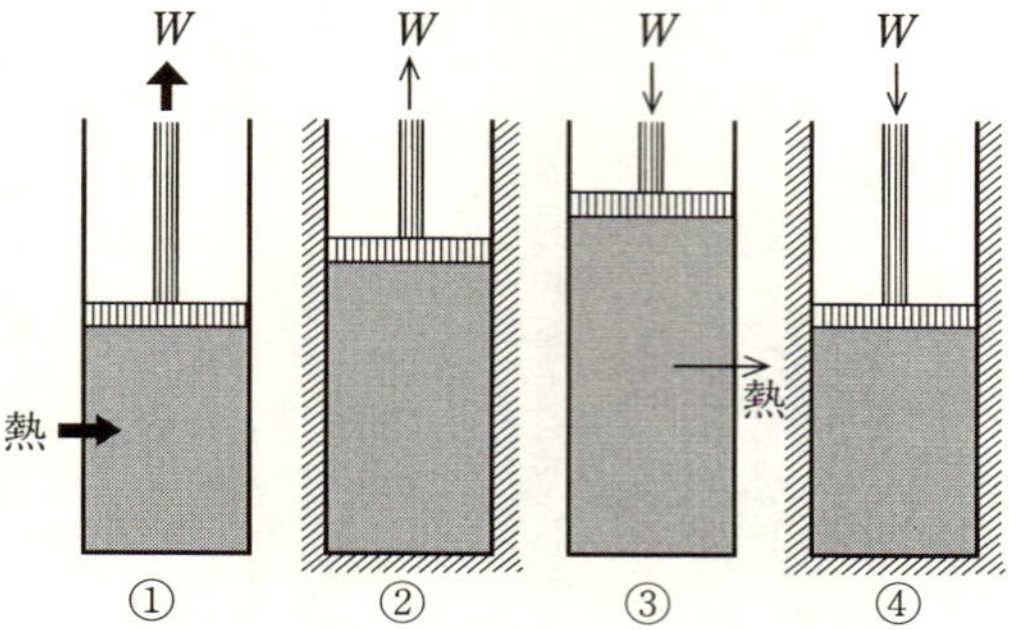

図10　カルノー・サイクル

どうしても内燃機関のからくりを知る必要がある。現実の機械というよりも、むしろその理屈を重視してみよう。

熱とピストン

内燃機関の心臓部はシリンダーである。中に気体が入っていて、一方はピストンでふさがれている。このピストンはよく動く。蒸気機関や自動車や飛行機のガソリン機関、あるいは船舶などに使われるディーゼル機関など、それぞれ構造は違うが、すべてのものに共通な理屈だけを述べると次のようになる。

①まず温度の高い物質がピストンと接触する。ピストン内の気体は熱を貰い膨張する。貰った熱は気体自身の温度を高めるのではなく、すべてピストンを押す仕事に変えてしまう（と考える）。実際には気体は熱くなるだろうが、あくまで理論上のはなしと思ってい

ただきたい。

②接触していた高温物質をとり除き、シリンダーは一時的に外部と遮断する。このときには熱の出入りはない。それでもまだ内部の気体はピストンを押して仕事をするから、それだけ自分自身の手もちのエネルギーは減る。つまり気体は冷える。

③気体は再び圧縮されなければならない。でなかったら次の仕事ができない。そのためここでは外部の冷たい物質（冷えた気体と同じほどの温度）と接触する。そして外からピストンを押し返してもらう。気体は仕事をされたぶんだけエネルギーが増えるが、このエネルギーを熱のかたちで外部の冷気の中に吐きだす。

④次に再び外部と隔離し、なおもピストンを押して貰う。貰った仕事（エネルギー）は熱となり、気体の温度は上がり、最初の状態にもどる。

カルノー・サイクルという絵にかいたモチ

カルノー・サイクルで有名なレオナール・カルノーは、一九世紀初期のフランスの物理学者である（一七九六―一八三二年）。彼の父は政治家でありまた軍人でもあったが数学にも秀でていた。ナポレオンに仕えていたが、あまりの野心ぶりにいや気がさして、一八〇四年に退官してしまい、数学の研究に余生をおくったといわれている。子供の方は父の志をついで自然科学のあらゆる分野に長じ、さらに音楽、美術などにも特異の才能を発揮した。
熱機関の理論をつくり上げたのは子供の方であり、さきの①から④までの過程を、むだなく行ったものをカルノー・サイクルとよんでいる。惜しいことには四〇歳にもならないうちにコレラにかかって病没してしまったが、彼の熱力学的研究は、飛行機や自動車のエンジンが開発される遥か以前のことであることを思えば、その業績は十分に称讃されていい。

さきのカルノー・サイクルで、①と②では気体はピストンを押して仕事をしているが、③と④では外から仕事をされているではないか、これでは全体として仕事をしたことにはならない……と思うかもしれない。

確かに②と④では仕事の量は同じである。②でせっかくピストンを押してたとえば車輪をまわしても、④では車輪の回転を利用して気体を圧縮したことになる。

ところが①と③では仕事の量が違う。ピストンの動いた距離は同じだが、①では力強く押すのに対し、③では軽く押してもらっているのである。①のときには気体は熱く、③では冷たいのでこのような結果になるのである。

それでは合計して、気体は外部に仕事をしたが、エネルギー保存則は大丈夫か。これは心配いらない。①で温度の高い接触物質からうんと熱を貰い、③では低温の接触物質にわずかに熱を吐きだしている。その差額の熱量（つまりエネルギー）を仕事に変えて、車輪やスクリューを動かしているのである。

熱を無条件に仕事に変えることはできないが、このように温度差のあるときには、それを利用してものを動かすことができる。シリンダーに高温物質と低温物質とを交互に接触しさえすればいい。

ただし機関は高温物質から熱を奪い低温物質に吐きだしているから、温度差はすぐにうまってしまう。いつまでも機関を動かすためには常に温度差を保つようにしてやらなければならない。

ふつうには、低温物質は空気で（液冷式エンジンでは冷却液が低温物質に相当する）代用し、高温の方はガソリンを爆発させたりするものが多い（蒸気機関は水蒸気自身の温度を上げる）。またシリンダーを高温部と接触させるなどというなまぬるいことをせずに、シリンダーの中で発火させればより能率的である。このときはシリンダー内部の気体の量は一定ではないから、カルノー・サイクルの理屈通りにはいかない。カルノー・サイクルはあくまで理想的なプロセスを示すものであり、現在使用されている機関は理想からは大そう遠く、様式も千差万別である。

カルノーはこの理想的なサイクルを研究し、その結果、熱エネルギーを完全に力学エネルギーに変換することは不可能であること、および、このサイクルが動くには、前述したように、温度差が不可欠であることを発見している。この発見は、実にエントロピーの概念および熱力学の第二法則につながるものであって、熱現象を論ずるときに、この早世の科学者の名は忘れることができない。

昔なつかしい星型エンジン

さきの③と④の過程では、熱機関自身が車輪やプロペラなどから仕事をもらわなければならない。①と②で車輪を強くまわして、そのはずみで③と④の過程を行ってしまえばいいが、これではあまり能率がよくない。そのためエンジンの中にこのようなシリンダーを何個かそなえて、一つが③の過程に入ったときには他が①の過程をする……というようにしておけば機械はスムーズに動く。乗用車の四気筒とか六気筒とかいうのは、このように熱を仕事に変えるシリンダーの数のことであり、それらが交互に仕事をしている。

飛行機のエンジンになると、自動車よりもはるかに大きな力が必要になる。そのため空冷式のものではプロペラ軸のまわりにたくさんのシリンダーを放射状（つまり星型）に配置し、これらが順々に膨張と圧縮の過程を行う。このとき星型の気筒は、プロペラ軸に対して正面から見て左右とか上下とかが対称にならない方が具合がいい。軸のまわりに七個とか九個とかの奇数個のシリンダーがついているのはこのためである。

飛行機マニアにはなつかしい名であろうと思うが、「寿《ことぶき》」などの名でよばれる飛行機のエンジンは九気筒であり、日中戦争の初期の頃から本格的な国産飛行機として活躍した陸軍の九七式戦

図11　1910年，古き良き時代のニースにおける飛行大会のポスターより。前部に裸の星型エンジンをみることができる

闘機（七一〇馬力）や海軍の九六式艦上戦闘機（六一〇馬力）などはいずれもこれである。

次第にエンジンの高性能が要求されるにしたがい「栄《さかえ》」などのような七気筒複列（つまり一四気筒）のものが量産されるようになった。海軍の零戦（一一三〇馬力）や、陸軍の隼《はやぶさ》（一一五〇馬力）、鍾馗《しょうき》（一二六〇馬力）などよく名の知られた多くの飛行機は一四気筒のエンジンを装備し、出力も一〇〇〇馬力を越える。

戦争も後半に入ると九気筒複列が登場してくる。「誉《ほまれ》」などの名がつけられ、なかには二〇〇〇馬力近い強力なものもつくられた。一八気筒のエンジンをつけたものには海軍の戦闘機紫電（一九九〇馬力）や爆撃機銀河（一八二五馬力、双発）、陸軍では四式戦闘機疾風《はやて》（一八七五馬力）や爆撃機飛竜（一九〇〇馬力、双発）などがある。

エネルギーは多ければよいというわけではない

ものが熱いということはエネルギーの多いことであり、冷たい状態ではエネルギーはとぼしい。このことはいつわりのない事実である。とすると、たとえば冷蔵庫の中を冷やすことは、内部の熱エネルギーを捨てることである。

ふつうの場合には、エネルギーを捨てるのは簡単である。高い所にある石は落とせばよい。むりに伸ばしたバネや、引きしぼった弓は位置エネルギーをもっているわけだが、手を放してやればこれらのエネルギーはひとりでになくなる。

ものを暖めるのは手間である。他から何らかのかたちでエネルギーを貰わなくてはならない。ところが冷蔵庫を冷やす、つまり熱を捨てるということも大変なのである。熱エネルギーがいらないのなら捨ててしまえばいい……というように簡単にいかないところに、熱エネルギーの複雑さがある。

部屋を暖めるのに金を払うのは当然であるが、冷やす、つまりエネルギーを減らすのにも金（電気代、ガス代）が必要だとは、考えてみればばかばかしいはなしである。

エネルギー不滅の法則というのがあるが、このことを唯一の信条として、エネルギーの多寡のみを問題にするような考え方は改めなければならない。

この頃の家庭では、酒びんや古箱あるいは段ボールや木片などのがらくたが多い。これらはじゃまになるだけである。ごみ捨て場や焼却炉まで運ぶのに手数がかかる（古物商がある値段で引き取ってくれるというならはなしは別だが）。要するに屑ものなど、あるよりも無いことの方がましである。

とはいうものの、びんも段ボールも、金をかけてつくられたものであるから、それだけの経済的価値をもっていたはずである。ところがふちが欠けて、家庭の台所の隅にあるときには、価値はむしろマイナスである。

気温が三〇度のとき、冷蔵庫の中にある温度三〇度の空気がもつ熱エネルギーはまったく無価値である。この熱エネルギーを、たとえば気温零度の地方に持っていけば大いに珍重される。このようにエネルギーというものは、ありさえすればいいというものではなく（つまり量ばかりが問題でなく）、性質としての良否（たとえば温度差があれば良、均一温度なら不良）が重要視されなければならない。そしてその良否をきめる目安が、エントロピーであるといえよう。

永久機関にも二種類

Ｉ章でいろいろな永久機関を考えたが、すべて失敗であった。というのは、いくら機械を巧みにつくっても、エネルギー保存則がこれを許さないからである。

それではエネルギー保存則にさからわないようにして永久機関をつくることはできないものだ

ろうか。

このこともI章の永久機関とは別の意味で、考えられてきた。大気中から熱を奪って自動車を走らせたり、海中の熱エネルギーを利用して船を動かしたりする方法である。石炭も石油も電気も、あるいは風の力も借りない。それなのに船を走らせようというのである。ただ周囲から熱を貰っているからエネルギー保存則には矛盾しない。

このような機械を、I章に挙げたものとは区別して、第二種の永久機関という。これに対し、ないところからエネルギーをつくりだす方の機械は第一種の永久機関である。

かりに第二種永久機関を装備した船舶があったとして、一万馬力の出力をだすためには海水からどの程度の熱を貰えばいいか調べてみよう。

現在の日本ではメートル法による以外の計量単位の使用は原則として禁止されているが、内燃機関などに仏馬力（フランス式の決め方による馬力で、七三五・五ワットにあたる）を用いることは特例として認められている。計算によると、一分間に一〇〇トン（ほぼ一〇〇立方メートル）あまりの海水の温度を一度下げればいい。一〇〇トンと聞くといかにも大きいようだが、海の中では何ほどのこともない。船のすぐ近くの、ほんのわずかの海水だけである。

一分もたてば船は自分自身の長さ以上に進む。そこからまた熱を貰う。船が通ったからといって、海が冷えて、魚が死んでしまうなどという心配は無用である。

以上はあくまでも第二種永久機関がこの世に存在したら……のはなしである。自動車も船も、一定温度の大気とか海水に浸っている。このような状態では、熱エネルギーを運動エネルギーに変えることは不可能である……ということは、確率的な立場から結論された事柄であった。

物理学の中で、熱に関係するさまざまな現象——たとえば熱膨張、熱伝導、比熱、融解や蒸発、さらには湿度にいたるまで——を扱う分野を熱学という。そうして熱学の骨子をなすのが熱力学であり、ふつうには次の二つの法則で代表される。熱力学の法則は、ともすればむずかしく考えられがちであるが、永久機関を理解したひとには何のことはない。その第一法則とは

「第一種の永久機関は存在しない」

ということであり、熱力学の第二法則は

「第二種の永久機関は存在しない」

というように表現してもいい。

第一種永久機関は絶対的に否定されているが、第二種の永久機関は確率的に否定されている。つまり第二種の方は、そんな機関はおそらくは存在すまいが、ひょんなひょうしに動きだすかもしれない……というように、わずかに懐疑的な面がある。

このあたりの、何となく不明瞭な間隙を縫って現れてきたのがマックスウェルの悪魔である。永久機関を相対的に否定するだけなら、俺たちがでかけていって、何とかしてしまおうじゃあないか

かと悪魔たちは囁《ささや》く。

物理法則が確率的な根拠でしか存在しえないこと……このことと悪魔の存在とが互いにからみ合ってくる。のちに出てくる有名なボルツマンも、熱的終焉の可能性を信じた人であるが、その逆の結論も、このように考えてくると、必ずしも絶無とはいえないことになる。

アインシュタインもビックリ! 平和鳥

かつて街を歩いていると、陽の当たるショーウインドーの中に平和鳥をよくみかけた。鳥といっても一種の玩具で、別名を水のみ鳥ともいう。コップの水を飲んでは頭をもち上げ何度も何度も同じ運動を繰り返している。ネジを巻くわけでもなければ、電気仕掛けで動いているのでもない。みんなが知らぬ顔をしていても、平和鳥は少しも休むことなく、限りなく運動を続けていく。終戦後のバラックのような映画館のスチール写真の前で、まさに平和を願う形で頭を下げつづけていたのを御記憶の方もあるだろう。

ところでこの平和鳥は第二種の永久機関ではないかという疑問が起こる。もしこの動きを適当に発電機に結べば、電気を起こすことも可能ではないか。力が強いか弱いかは問題ではない。たとえ弱くても、平和鳥をたくさん並べてうまく細工してやりさえすれば、とにかく仕事は得られるわけである。

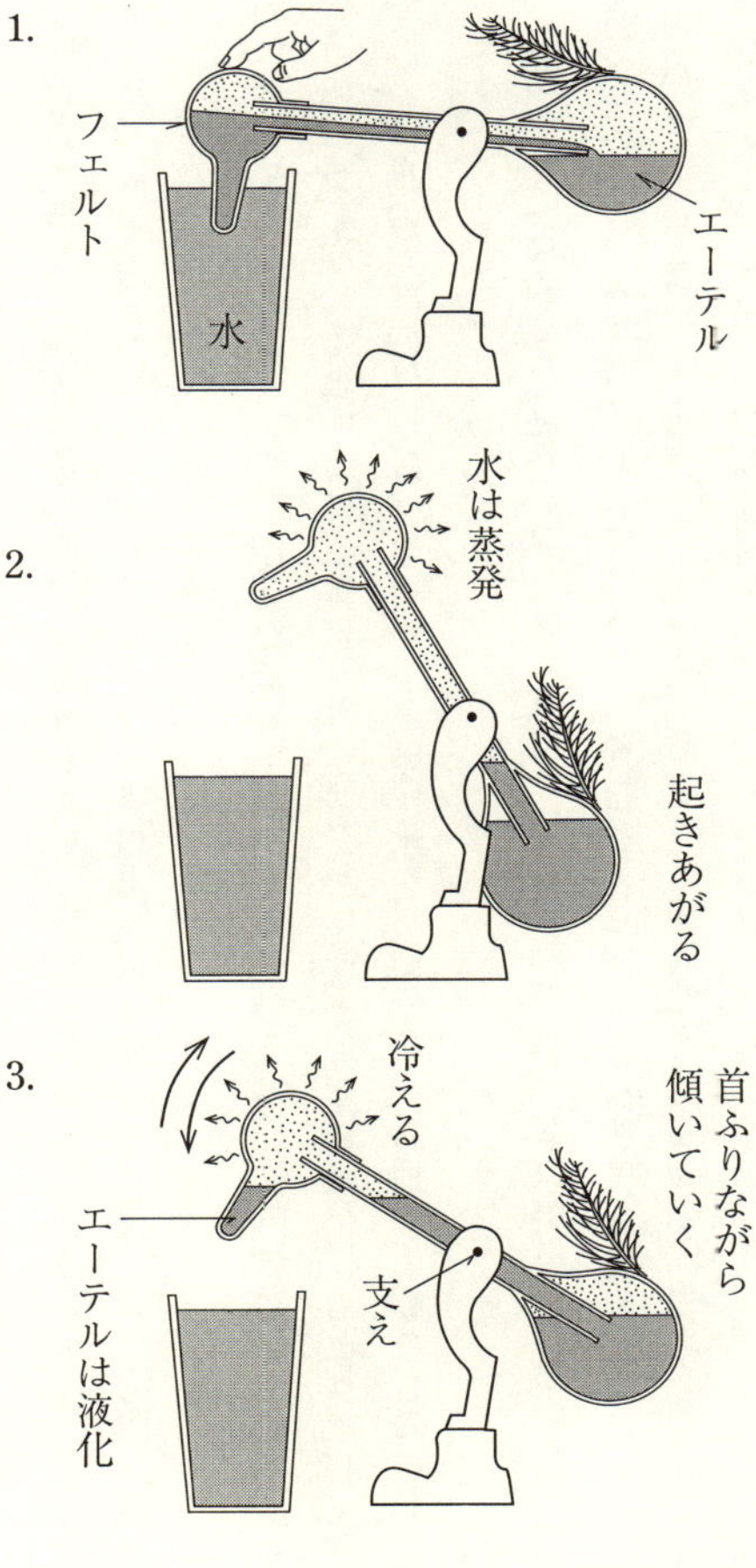

図12　水のみ鳥（平和鳥）の原理

この平和鳥は日本の、平田棟雄さんというお菓子づくりの職人さんの発明によるものと聞いている。

アインシュタインも感嘆したという平和鳥のカラクリを説明すると、次のようになる。

頭部と腹部が大きく、両方は細い管でつながれている。管の中央に支点があり、これが足になっている。天秤と同じように支点に対するバランスは非常に敏感であり、一寸でも腹が重ければ立ち上がり、頭の方が重ければ首を下げる。

内部はガラスで密封されていて、空気を抜いてエーテルという揮発性の物質が入れてある。揮発性というのは少し温めるとすぐに気体になり、少し冷やすと簡単に液体にもどってしまう性質のことである。鳥の頭部の外側は、フェルトという水を吸いやすい布地のようなものでおおわれている（これに目や口が描いてある）。

さて、最初だけは鳥のくちばしがコップの水につくまで指で倒さなければならない（図12の1）。管の下側（腹の部分）が液体の外にでるから、頭部にあった液体は腹部に流れて鳥は立つ（図12の2）。問題は立った鳥がなぜ倒れてくるかである。平和鳥の連続運動を説明するためには、立ったものがなぜ傾いてくるかを解き明かすことが大切である。

くちばしを水につけたとき、フェルトが水を吸う。立ち上がる（反動で鳥はゆれている）。フェルトの水は蒸発する。そのときエーテルから蒸発熱を奪う。頭部のエーテル蒸気は冷えて一部が

平和鳥は第二種永久機関ではないか？

液化し、蒸気圧は腹部の蒸気の圧力より小さくなる。そのため液体は管を伝わって上がっていく。頭部まで上がるとくちばしの部分などに入り、頭は下がっていく。こうして再び水を飲む。

これが平和鳥の運動である。中のエーテルは蒸発したり液化したりしているだけであり減ることはない。フェルトに含まれた水の方は蒸発のしっぱなしである。

結局水の蒸発のために平和鳥は動くわけである。水を蒸発させる源《みなもと》とは太陽からのエネルギーであり、鳥は太陽エネルギーをもらって動いているのだから第一種永久機関ではない。

ここまでの話は、多くの本に解説されている。しかし読者の中に、次のような疑問をもたれるひとはいないだろうか。

「確かに平和鳥は第一種の永久機関ではない。しかし人間は、あらかじめ平和鳥の付近に温度差をつくってやっているわけではない。気温が二〇度なら、その付近はどこでも二〇度である。このとき物体は動かないはずではないか。それにもかかわらず平和鳥は動く。一様な温度の大気からエネルギーをうばって動くのなら第二種の永久機関にならないか？」

これは鋭い質問である。筆者は長年教師をしているが、熱力学の原理をここまで突っ込んで疑問点をクローズアップした学生には、残念ながらまだ会ったことがない。もしこのような問題を提起した学生があったら、それだけで熱力学の科目に一〇〇点をやってもいいくらいである（ただしこの本が出版されたあとでは無効だから念のため……）。

この疑問に正確に答えるには「エントロピー」という概念を理解しなければならない。平和鳥は実際には第二種永久機関ではない。それにもかかわらずなぜ動くかは、太陽からの放射エネルギー中に含まれる反エントロピーのためであるが、これはⅦ章で改めて説明しよう。

ミクロとマクロのつなぎ方

熱力学というのは元来マクロな学問である。しかしその第二法則を説明するには、分子をもちだし、混合、組み合わせの数、確率……というように数学的手段に訴えていくとわかりやすい。分子をもちだすからには、理論はミクロの領域に入っている。

大学の講義などでは、熱学あるいは熱力学としてマクロな現象に終始し、分子レベルで研究を進める場合には、統計力学あるいは物性論といって別の講義にするのが一般である。

しかしこれまでに考えてきたように、マクロな現象（たとえばインクが水に拡散すること）はミクロな立場をとることによりはじめて説明されるものであり、ミクロな研究がマクロな現象を予測する。両者は切り離せないものである。

マクロとミクロの関係を少し考えてみよう。熱学では、たとえば気体の体積V、圧力p、温度Tなどをきめる。これらはもちろん適当な器具によって測られる量である。

ところが気体をミクロな眼で見たら（もちろん実際に見えるわけではない。ミクロな立場から考えるという意味である）、そこに存在するのは、互いに走りまわっているたくさんの粒子（分子）だけである。粒子のもつ物理的性質は、ある瞬間の位置とか速度とか、速度に質量をかけた運動量とか、あるいは運動エネルギーとかである。いいかえると分子のもつものは力学的な性質である。ミクロの眼で見ると、圧力や温度や、気体の体積などはどこにもない。ところがマクロな見方をすると、ちゃんと現れてくる。ということになると、ミクロな量（力学的な量）から、どのようにしてマクロな量（温度や圧力など）がでてくるのか、説明してやらなければならない。

これらの事柄については多くの教科書などに述べられているから、結論だけにしよう。

「圧力」といって、われわれが気体から圧迫されるあの感覚は（もっとも人間は一気圧に馴れ過ぎてしまったから、大気が人間の身体を押しているなどという意識はないが）、気体分子が皮膚に衝突してはね返るときの蹴りである。この蹴りが、時間的にも位置的にも極めて頻繁に行われるため、もはや個々の衝撃としては意識せず、全般にならされて、圧力というものになる。

気体の体積というのも、分子一個一個の大きさをそのままよせ集めたものでは決してない。気体分子は走りまわっており、入れものである風船やピストン付きのシリンダーなどの内容を大きくしようとして、これに反抗する。その力が外力とつりあって、気体の体積というものが決まる。体積と圧力とは反比例するというボイルの法則があるが、これをミクロの見地から説明したのが図13のシリンダーの絵である。気体分子は狭い空間に閉じ込められれば、それだけ多く器壁に衝突する。衝突の回数が増えれば圧力は増す。

気体の温度というのは、分子のもつ運動エネルギー、つまり質量に速度の二乗をかけて二で割ったものである。熱いということは分子が平均的な意味で速く走っていることである。だから熱い（つまり速い……正確にいうと運動エネルギーが大きい）方には制限がない。太陽の中心部や原子核融合では、数千万度から数億度が問題になる。

ところが冷たい方には限界がある。止まっていることが最も遅いのであり、これより遅くなりようがない。これが氷点下二七三・一五度である。この点を零度とした目盛りを絶対温度という。

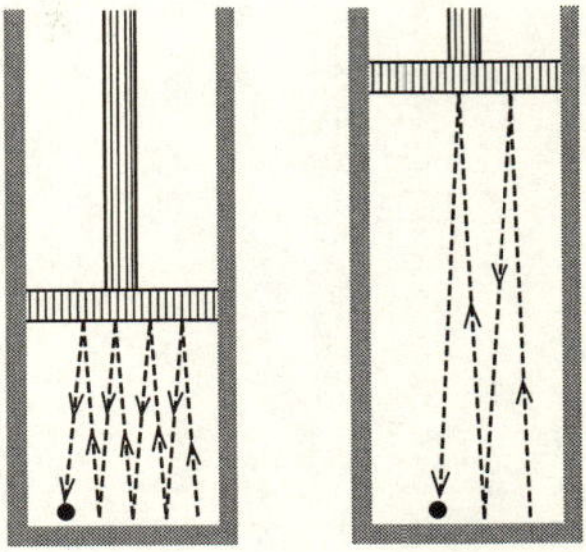

図13　ボイルの法則をミクロに説明する。気体の体積が半分になると，気体分子が壁に衝突する回数は倍になり，圧力が倍加する

集団の中の一つの顔

気体分子を個々の立場から眺めれば運動量や運動エネルギーの塊だが、総括的に見たら圧力や温度になる。あくまで分子単位に考えたら、圧力とか温度とかはこの世に存在しない性質である。にもかかわらず、分子が大集

団を結成したため、現れてきた不思議な物理量だ……ということもできる。

マクロとかミクロとかの概念は、熱学や熱力学だけでなく、自然現象を観察して、それの理論的な裏づけをする場合に、基本になる重要事項である。全体のなかにある個体の振る舞いはどんな具合であるかということや、個体のもつ性質がどのような仕組みで全体の示す現象につながるかを調べていくことは、現在の物理学、化学、生物学の研究の最も基本的な方針の一つである。

話は本筋から逸脱するが、社会的な現象の中にも、全体と個体との間に意外なほどの懸隔を感じさせられることがある。

たとえばここに、トロツキズムを標榜する学生の一団があったとする。集団そのものは全エネルギーを集中して革命を叫び、体制打破に猪突猛進する。前進のさまたげになるようなよけいな感情やしきたりはすべて切り捨てていく。

第三者がこれを見るとき、一人一人の学生も同じように、反体制をとなえる以外に何の側面も持ち合わせない存在のように思える。事実、目的とは関係のないあらゆる感情は、無意識にしろ、意識的にしろ、放棄していこうという傾向はあろう。

しかし、人間はしょせん人間であり、身体の細胞をつくる炭素原子の並び方が一個一個違っているのと同じくらいに、多種多様の個性をもっているはずである。

版画よりも風景画の好きな者もあろう。労働歌よりも、クラシックを好む者も多かろう。個人個人をミクロに眺めるとき、集団としての行動からは想像もできないような面が浮き彫りにされる。

しかしひとたびマクロの見解にたてば、個人の趣味、嗜好は激しい集団運動の中に埋没し、隠《いん》蔽《ぺい》されてしまう。

はなしは多少かわるが、かつて日本に軍隊というものがあった。平時においては練兵場で「頭《かしら》あ、右」の訓練を繰り返し、「……であります」調でものをいう人たちの集団である。その目的とするところは、戦時において敵と衝突し、勇猛果敢にこれを圧倒して、勝利を収めることにある（別の言葉でいえば、人間の集団対集団の大喧嘩に勝つことにある）。とにかくこうしたマクロのイメージからは、兵隊さんとは常に戦闘に勝つことだけを考え、いつもキビキビした動作で立ち回っている人たちのことである……と思っていた。

しかし自分が兵隊さんといくらも違わない年齢になり、これらの人たちとうちとけ話をしてみると、「兵隊さん」という面影がまるでない。

「今年は陽《ひ》の照りもいいから、米のできもいいんじゃけのう」

「わしの家も、勤めていた時計工場も空襲でやられてしもうて、灰ばっかりや。田舎《いなか》も、人手がなくて、こやしがなくて大変じゃろうが、空襲がないだけいいとせにゃあいかんのう」

結局、みんなひとのいい小父さんであり、こうした人たちと、突撃を敢行して敵を撃滅する忠勇無比の皇軍というものが、一体どこでどうつながっているのか、妙な気分になったものである。

つまりは、同一のものであっても全体（マクロ）と個々（ミクロ）とでは、まったく違った表情を見せる……ということである。

Ⅳ 秩序崩壊

水と氷のちがい

オンザロックス（正しくはオンザロックとはいわない）という飲み物は、氷のかけらの上に単にウィスキーをそそいだもので、最も手軽に酔えるものである。さてその材料である氷、水、アルコール（純粋なものは無色である）を目の前に置く。この三種類の物質のうちで、特別に性質のかわっているものを一つだけ指摘せよといわれたらどうするか。よほどひねくれ者でないかぎり、氷を指すに違いない。

そこへいくと、水もアルコールも透明な流動物質で手に持つわけにはいかず、こぼれれば物をぬらし、さらに方円《ほうえん》の器にしたがい……など共通点はいくらもある。もっとも味や、飲んだあとの気持ちや、値段などは両者で大分違うが、それはともかくとして、見た感じ、さわった感覚では、氷だけがとび抜けて違っている。

しかし「化学」という学問は、水と氷とは本質的には同じであって、アルコールだけが異質のものであると教える。分子の段階にまでほり下げて考えてみると、水と氷はH_2Oを、アルコールはC_2H_5OHを物質構成の単位にしている。

水とアルコールとは化学的に違うといい、水と氷とは物理的に異なっていると考える。人間が、水よりもアルコールの方を好むのは、後者が胃の腑に入ってからの化学的変化の結果が、いささか生理的に具合がいいからである。見た目にいくら似ていても、水ではまったくだめである。

では物理的な相違とは何をいうのか。構成要素である分子または原子そのものの違いを問題にするのではなく、それらの非常にたくさんの要素がどんな具合にくみたてられ、作用しあって物質をつくっているかを重要視するのである。

同じH_2O分子でも、相互に固く結びついて豆細工的に配列しているものが氷であり、分子同士が同じように密集しているが相互の結びつきが必ずしも強固でなく、氷ほどには配列が整然としていないものを水という。分子が広い空間でたがいに遠く離れて、かなり自由に飛びまわっている状態が水蒸気である。

このように、固体、液体、気体の違いは、分子（固体では分子でなく原子を単位に考えることが多い）の並び方の相違に帰せられる。構成要素（つまり原子や分子）が同じでも、それらの配列の機構が違うとき、物理学や物理化学では「相《そう》」が異なるといういい方をする。そして固体と液体との間にある融解および凝固、液体と気体との間のうつり変わりである蒸発および凝縮などを相変化とよぶ。

一般に相が違えば、物質の性質が非常に異なってくる。単に外見上の形態や肌ざわりだけでなく、いろいろな物理的性質、たとえば重さ（正確にいえば比重）、熱や電気の通り易さ（熱伝導度、電気伝導度という）、温度に対する延び率（熱膨張率）、磁石になり易さ（帯磁率）等、かぞえあげればきりがない。このような物理的な性質が、原子や分子の並び方（気体のような状態も、広い意味で「並び方」という言葉で総括することにして）に大きく影響されるわけである。

ある温度で突然に

相の違いとは、固体、液体、気体の三種類の相違をいうばかりではない。同じ固体であっても黄燐と赤燐とでは相が違う。燐原子の配列のしかたが違うわけであり、赤燐では安定な位置に並んでいるのに対し、黄燐では原子の並び方がやや不安定で、そのため化学作用が著しく、臭気が強く、毒性作用がある。いなせなカウボーイが、長靴をシュッとこすってマッチをつけるシーンがウェスタンにはよくあるが、あのマッチに使ってあるのが黄燐で、われわれになじみの安全マッチには赤燐が使ってあることは、よく知られている。

固体の硫黄にも、単斜硫黄と斜方硫黄の二つの相がある。原子の並び方は後者の方が安定であり、低温度（九五度C以下）では斜方硫黄になってしまう。

二種類の原子がまざった合金では、別の意味での相変化がある。銅原子（Cu）と亜鉛原子（Zn）とが同数ずつまざって、しんちゅうをつくる（もっとも工業用のしんちゅうは、亜鉛の比率の少ないものが多い……）が、温度の低いときには、銅と亜鉛とがたがい違いに並ぶ。これを合金の規則状態という（統計力学では、秩序度が大きいという言い方をする）。温度が上がると、原子が動き

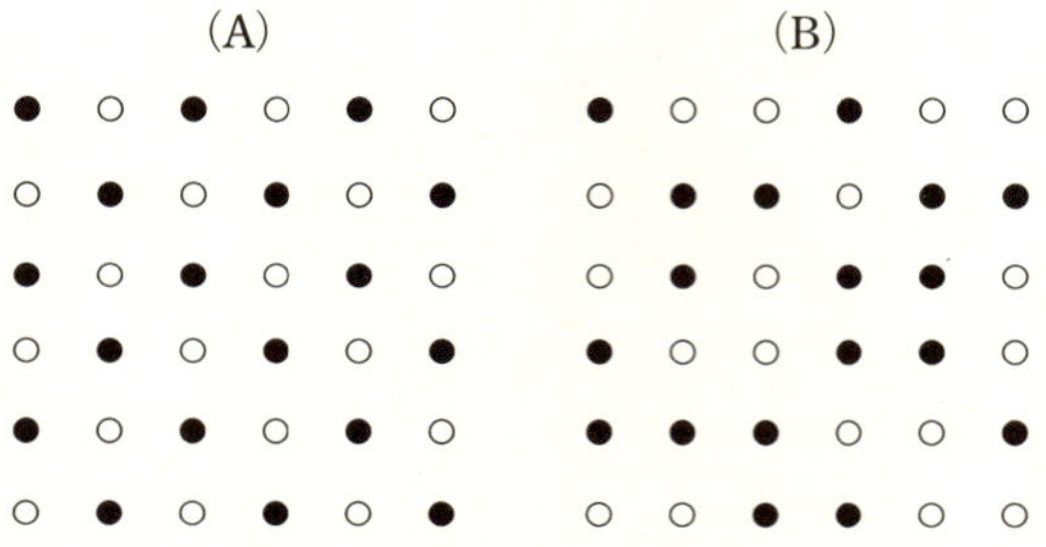

図14　合金の秩序（A）と無秩序（B）

（固体でも温度が高ければ、原子はけっこう移動して互いの位置を交換する）、規則性が多少くずれてくる。それでもまだまだ、銅の隣には亜鉛が、亜鉛の隣には銅が並ぼうとする傾向が残っている。

　ところがさらに温度が上昇すると（しんちゅうの場合は四六〇度C付近）、規則性が急になくなってしまう。いつとはなしに不規則になるのではなく、一定温度に達するととたんに並び方がデタラメになってしまうのである。このような温度を転移点とよび、転移点の高温側と低温側とで「相」が違うと考える。秩序をもった低温側では、銅の隣にはまずまず亜鉛があると思っていいが、完全に無秩序になった高温側では、銅の隣に、亜鉛のある可能性と銅の存在する確率とがまったく半々になってしまう。

　温度を上げていって転移点を通過したとき、物質は「相変化」をしたという。銅や亜鉛の位置を目で（あるいは顕微鏡で）見るわけにはいかないが、相変化がおこると、さまざまな物理的状態が急激に変わる。合金では、転移点よりも低温部では電気抵抗が小さいが、高温部では大きいから、温度を変えながら電気抵抗を測っていくことにより、転移点を実験的に知ることができる。

電気を非常によく通すことで知られた金と銅の合金（Cu_3Au俗にあかといわれている）や、金属ではないが固体塩化アンモニウム（NH_4Cl）などでもこの傾向がはっきり現れ、一九二〇年代から三〇年代にかけて、多くの実験がなされている。

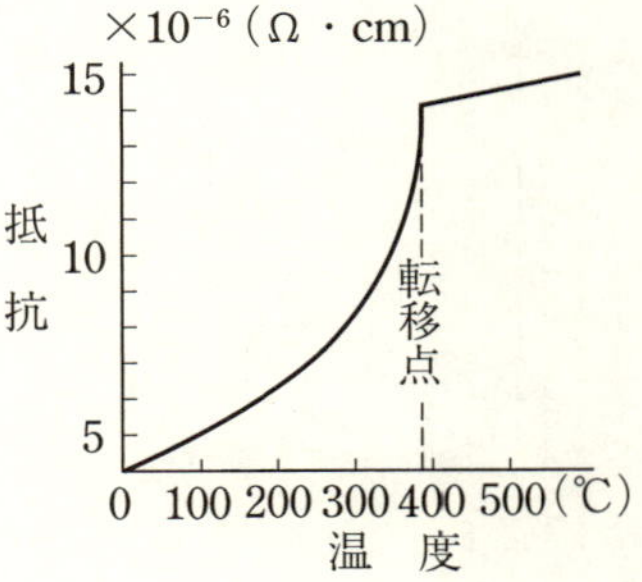

図15 〝あか〟とよばれている，金と銅の合金（Cu_3Au）の電気抵抗

確率的解釈

しんちゅうについて、相転移の現象をもう少し詳しく考えてみよう。温度の低いときには銅原子と亜鉛原子とが、立体的にたがい違いに並ぶ。その一部分だけを抜いて描けば図16のようになるが、図を見て、亜鉛の方が銅の八倍もあるではないか……などと言ってはいけない。たまたま銅原子を中心とする立方体を描いたので絵のようになったが、このような配置のまま、左右、前後、上

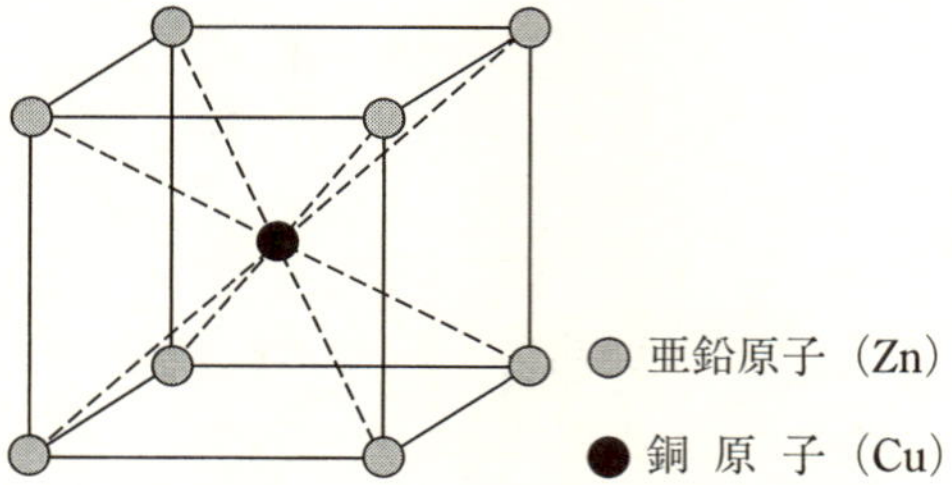

図16 〝しんちゅう〟における銅原子と亜鉛原子の並び方

下にずらりと並べば、白丸の数と黒丸の数とは同じになる。これが結晶（固体）である。

なぜこのように規則正しく並ぶのか。ZnとCuの間の引力は大きいが（マイナスで、絶対値の大きいエネルギーが存在するが）、Zn同士、Cu同士では、相互の引力はそれほど強くないからである。もし男女が互いに隣り合って並びたがっていたら、同数の男と女とを勝手に座席につかせれば、おそらくたがい違いに並ぶだろう。それと同じ理由である（異性のもつ引力は物理的でなく、生物学的に説明される引力であることはいうまでもないが……）。

それでは温度が上がると、なぜ規則性が乱れるのか？

エネルギーの立場だけから考えれば、徹頭徹尾、ZnとCuとは隣り合っていた方がとく（つまり位置エネルギーが低い）である。したがってこの世にあるのが熱力学の第一法則だけなら、温度が上がっても、実現している規則性はこわれない。

ところが熱力学には第二法則がある。これにしたがえば、原子はよくまざり合わなければならない。数学的にいえば、組み合わせの可能性の最も高い状態が出現しなければならない。

ところで、CuとZnがたがい違いに正しく並んでいるとき、Cuの占める座席をA、Znの占める座席をBと名づけよう。A席にCuが、B席にZnがいれば文句はない。配列は規則正しいのである。

ところが温度が高くなるにしたがって、CuがBに、ZnがAに腰を下ろしたりしはじめる。なぜそんな不心得な原子ができてくるのか？　さきに容器の中の気体分子のときに計算した確率論がここでも適用される。

乱れやすさ

計算を簡単にするために、CuとZnとの原子をともに一〇個ずつとしてみよう（したがって、A席もB席も一〇個ずつ）。実際の固体の中では、原子の数はもちろんこんなに少なくない。単なるたとえである。

一〇個のCu原子はまったく個性のないもの……つまり、かりに座席「い」と「ろ」の両方に銅原子が腰かけているとき、

「い」に太郎という銅、「ろ」に次郎とよばれる銅という場合と

「い」に次郎の銅、「ろ」に太郎の銅

というように、二つの状態を区別してかぞえることはしない。原子には太郎とか次郎とかいうような個性はないのである。だから「い」と「ろ」に銅がある、というただ一つの状態として計算する。

さて、A席にあるCu原子とB席にあるZn原子とを「正しい原子」、逆にB席にあるCu原子とA席にあるZn原子を「間違った原子」とよぶことにしよう。

二〇個全部が正しい原子であるときの組み合わせの数（可能性）は、わずか一通りである。では、一八個が正しい原子で、Cu一個、Zn一個が間違った原子であるときはどうか？

間違った一つのCu原子は、一〇個のB座席のうちのどこにでも坐れる可能性をもつ。これだけで一〇通りの方法がある。さらに間違った一個のZn原子も一〇個のA座席のうちのどこを占有してもいいから一〇通り、だから組み合わせの数は10×10＝100となり、全部が正しい場合にくらべて、CuとZnが一個ずつ間違った席に坐る方が一〇〇倍も大きな可能性をもつことになる。

このような計算を、すべて実行してみると、Cu原子とZn原子とについて

（正しい原子の数）	（間違った原子の数）	（組み合わせの数）
一〇個と一〇個	なし	一通り

九個と九個	一個と一個	一〇〇通り
八個と八個	二個と二個	二〇二五通り
七個と七個	三個と三個	一万四四〇〇通り
六個と六個	四個と四個	四万四一〇〇通り
五個と五個	五個と五個	六万三五〇四通り

という結果になる。一八個が間違った原子で二個が正しいという場合は、一八個が正しく二個が間違っていることとまったく同じであるから、右の表の場合だけを計算すれば、ことが足りる。

大いに間違おうとは思えども

わずかに原子の数が二〇個のときでも、半分が間違っている場合（これは全く不規則に並んでいるということになる）は、全部が正しい場合（規則状態）にくらべて六万三〇〇〇倍以上も起こり得ることになる。揃う（規則状態）よりも、バラバラ（完全に不規則）の方が遥かに生じやすいことは、水とインクの場合と同じである。

それでは遠慮することはない、温度が高かろうが低かろうが、さっさと無秩序状態になってしまえばいいではないか、といわれるかもしれない。

ところが合金の場合には、インクの拡散とか、容器の中に気体分子が一様に広がるときなどと比べて相違点がある。合金のはなしでは、エネルギーがからまってくるのである。

CuとCuと並ぼうが、Cuの隣にZnがこようが、位置エネルギーが同じなら（つまり原子間引力が、両側の原子の種類に関係しなかったら）、もちろんでたらめに並ぶ。規則正しく配列するなどということは、ほんの偶然に過ぎない。

ところがCuとZnとは並びたがっているが、Cu同士やZn同士はあまり近よりたがっていない。これは原子のもつ性質を量子力学的に研究して得られた結論である。ということになると、二つの矛盾した傾向がここでぶつかり合ったことになる。

①体系は、できる限り位置エネルギーを低くしたい。そのためにはCuとZnとは隣同士になりたい。

②体系は最も数の大きな組み合わせの状態をとろうとする。そのためにはきれいに並んでなどいられない。

大変困ったことになった。いったいどうすればいいだろう。……というよりも、実際の合金はどうなっているのだろうか。

妥協

空中にあるものは支えがなければ落下する。つまり自然界の物体は位置エネルギーを減らそうとしている。銅原子と亜鉛原子とは強く引き合う。だからたがい違いに並びたい。

また、それとは別に、確率論的には完全に交互に並ぶということは、非常にまれなことである。この意味では、銅と亜鉛とは全く不規則にバラまかれた状態になりたい。

男女が、どちらも異性同士で並びたがっている。ところが異性同士が隣りあうと、その二人の入場券の値段が高くなる……というような矛盾をはらんでいることになる。

結局どうなるのか？　妥協する以外にない。ほどほどに規則正しく、ほどほどに乱雑になるのである。

混乱は混乱をよんで

それではこのほどほどとはどの程度か？　これは温度によって決まる。

たとえばたくさんの赤玉と白玉とが交互に並んでいるところに風が吹いているとしよう。風はある程度赤玉と白玉との位置を変えてしまう。もし風がおだやかなら、赤と白とはかなり規則正しく並ぶだろう。もともと赤と白とは並びたがっているのだから。

ところが強風のときはどうなるか。赤と白とが並びたいなどとだだをこねても、風はそんなことは容赦しない。強引にデタラメの配置にしてしまう。

温度という風！

この風に相当するのが温度である。絶対零度では完全に規則正しい。まったくの無風状態だから。だんだん温度が上がると規則性が崩れる。ところがみんなが規則正しいときに、自分だけが悪いことをするのはほねである。いい社会には泥棒は少ない。泥棒が少ないからいい社会だともいえるが、逆に社会秩序が正しく行われているために泥棒しにくいということも確かである。

ところが社会が乱れていると、一寸したできごころですぐ悪いことをしてしまう。ひとがするから自分もしなければ損だというような気持ちにもなる。終戦直後にみんながヤミ米を買ったのと同じような心理である。

合金が低温度のときは規則性はなかなか崩れない。「エネルギーを低くしなければいけない」というスローガンがいきわたっているのである。ところが温度が上がってだんだんと乱れてくると、さらにそれ以上乱すのが比較的容易になってくる。最後にはなだれ式に乱れてしまい、遂に完全な無秩序の状態になる。これが転移温度である。なだれ式あるいは付和雷同的な現象がおこるからこそ、転移温度というのがはっきり決まるのである。

このように分子や原子が乱れあいからみあってひき起こす現象を「協力現象」という。協力現象は合金の場合だけでなく、転移温度をもつ物理過程のほとんどすべてのものに認めることができる。

固体の中のマックスウェルの悪魔

マックスウェルの悪魔は、気体分子の通行を制御する動物（人間なのやら神様なのやらわからないが、とにかく意志ある生きもの）として考えだされた空想的な産物である。しかし、これが固体の中にあったらどうか。

しんちゅうの場合、すべての座席（これまで座席といってきたものは、固体論では格子点という）のそばに、悪魔は頑張っている。そうしてA座席にCuがやってくればだまって見過ごし、Znが進入しようとすれば妨害する。B座席についてはこの逆である。

このことを実行するのはやさしい。もともとCuとZnとの間に大きな引力があるのだから。

逆にもし、マックスウェルの悪魔に、Cu同士あるいはZn同士を並べよと命じてもこれは無理な注文である。彼らは力をもっていない。分子や原子のエネルギーを高めることはできない。分子や原子に仕事を与える能力はまったくないのである。マックスウェルの悪魔は、情報聴取では分子や原子の大きさまで正確なのであるが、力に関してはまったくの色男である。

さて、彼らは合金の中で交通整理をしたとする。そして合金に熱を与えていく。どうなるか?

CuとZnとはいつまでも規則正しく並んでいる。Cu同士やZn同士を交換するのはかまわない。同じ種類の原子を交換しても規則性は崩れない。

マクロな立場でみたら、マックスウェルの悪魔の住む合金はどうなるか。

まず転移現象がみられない。ある温度で合金の性質ががらっと変わる……というようなことはなくなる。悪魔たちは、Cuよ、Znよ、位置を換えるなと言っている。原子はもともと動きたくないのである。これ幸いとはじめの位置に腰をおろしている。

その結果比熱は非常に小さくなる。悪魔がいなければ温度上昇とともにCuとCuまたはZnとZnの隣組がいやでもおうでも出現する。この隣組はCuとZnとの隣組にくらべてエネルギーが高い。エネルギーを高くするためによけいに熱を注ぎ込まなければならない。温度を一度上げるのに必要な熱量（つまり熱容量）は異常に大きくなる。

ところがマックスウェルの悪魔が住むことにより、この異常比熱は解消する。

また電気抵抗も、ふつうの場合とくらべて、かなり小さいだろう。CuとZnとが不規則に並べば、その中を電子が走るのに大変骨が折れる。あちらにぶつかり、こちらに衝突しということになる。逆に整然と並べば電子も走りやすい。熱伝導についても同じである。

砂糖水から液体ヘリウムまで

合金の理論は、統計力学で扱う典型的な相変化の問題である。しかし相変化はこれだけではない。物理学の対象となるものだけでも、いろいろな機構の相変化がある。

＊溶液

溶液（混合液体）にも相変化がある。これは二種類の分子の並び方がどうのこうのというのではなく、まざり方（正確にいうと何パーセントずつまざるかということ）が問題になる。

ふつうは低温度ではまざらないが（たとえまざっても、決まった割合でしか混合しないが）、ある温度以上になると、無条件でどんな比率にでもとけ合う。このある温度が転移点である。

この場合には合金と逆で、同種の分子は強く引き合い、異種の分子どうしの引力は弱い。だからエネルギー的には分離したい。しかし分離すると、組み合わせの数が小さくなってしまう。ある程度まざる……ということで、両者の要求を少しずつ満たすのである。

＊強磁性

鉄でつくった磁石は、非常に強い磁性を帯びている。ところが七七〇度C以上になると、どんなに努力しても磁石に（ものを引きつけるのが眼に見えるほどの力のある磁石である）することはできない。鉄の七七〇度Cは転移点である。特に磁石としての性質が失われる温度のことをキュリー点という。発見者はフランスの物理学者ピエール・キュリーである。

鉄が磁石であるということは、のちに詳しく述べるが鉄原子そのものがみな小型の磁石であるためである。キュリー点以下では、小型磁石がせい揃いして鉄を磁石にしているが、七七〇度C

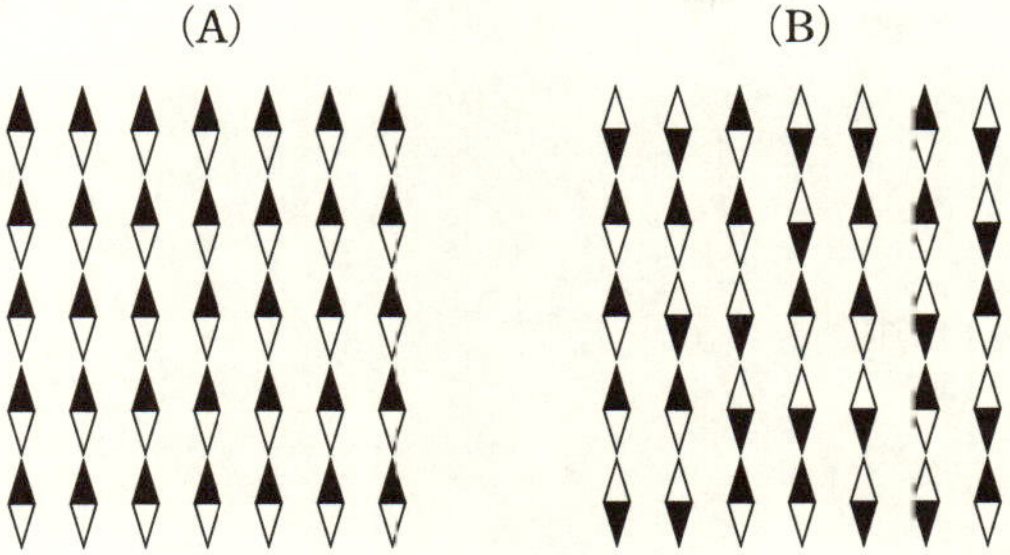

図17　小磁石の向きの秩序（A）と無秩序（B）

よりも温度が高くなると小型磁石はてんでに勝手な方を向いてしまい統一がとれない。ここでも相の違いは、広い意味での原子の配列の機構の相違による。

＊超伝導

オランダの物理学者カメルリン・オネス（一八五三―一九二六年）は一九一一年に、水銀（Hg）の温度をどんどん下げていったところ、絶対四・二度で急に電気抵抗がなくなってしまうことを発見した。抵抗がだらだらといつのまにか減少するのではなく、その温度でピタッと零になる。さらにその後、鉛（Pb）が絶対七・二度で、スズ（Sn）が絶対三・七度で、……と多くの金属の抵抗が低温で零になることがみつかった。これらを超伝導状態というが、明らかに一種の相転移が起こったのである。転移点を境にして、高温側（といっても非常に冷たい領域ではあるが）と低温側とでは、電気抵抗だけでなく、磁気的性質や比熱なども著しく違っている。

＊液体ヘリウム
液体分子は、固体分子のように空間的に規則正しく並んでいるわけではないから、純粋液体（溶液でなく一種類の分子だけからできている液体）には相の違いというものは起こりえないはずである。しかし一つだけ例外がある。

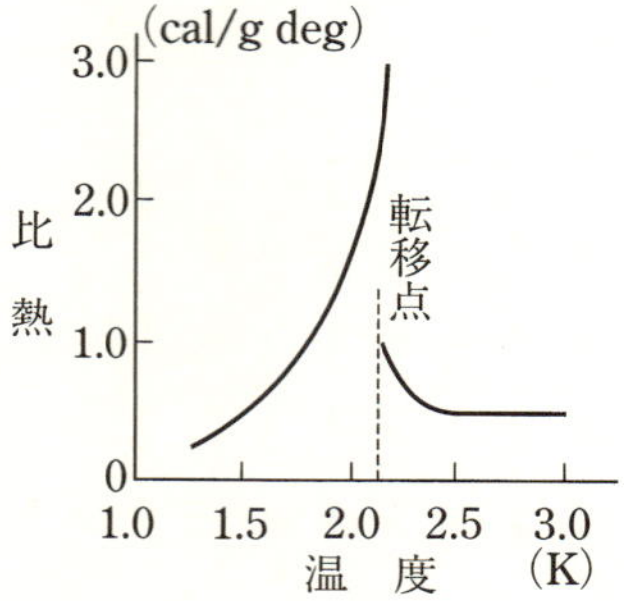

図18　液体ヘリウムの比熱

カメルリン・オネスは、超伝導を発見する三年ほどまえ、すなわち一九〇八年にヘリウムの液化に成功している。ヘリウムは絶対零度にいたるまで液体のままで存在する（つまり固体にはならない）特別な物質であるが、絶対二・一八度を境として、低温側では（これをヘリウムIIという）コップに入れた液体がひとりでにふちをはい上がってこぼれ、ねばっこさはほとんどなく、その中を熱が音波のように周期的に伝わったりする。

比熱の値はこの付近で非常に大きく、温度の関数として描いてみると、ギリシャ文字のλ《ラムダ》の左右を反対にした形によく似ている。こんなことから特にヘリウムの転移点（二・一八K）をラムダ点とよぶ。

とにかくこの温度で相転移の起こっていることは確かだが、液体であるため、「分子の並び方の相違」というような簡単な方法では、両相の違いを説明することはできない。

旺盛な磁性の研究

固体論というのは、固体についてのあらゆる性質、固さ、延ばしやすさ、などの力学的性質から、熱に対してどう変化するか、電気をどの程度通すか、磁石として利用できるか……などその研究は千差万別である。

一年に二回、東京、関西、あるいはその他の地域にある大学を根拠地にして日本物理学会が開催されるが、この場合各研究分野にわかれて学術講演が開かれる。

素粒子、原子核、宇宙線などから、統計力学、金属、磁性、誘電体、原子、分子、半導体、高分子、生物物理……など多様であるが、研究発表の件数をみると、磁性と半導体とが中でも圧倒的に多い。どちらも現代の固体論の代表的な分野であるが、それだけに内容も広く、実験、理論の両面からこれらの研究に携わっている人の数は非常に多い。これらが現代の工学に欠かせない基礎的な分野であるということも大きな理由の一つであるが、固体の中で原子や電子が寄ってたかって織りなす現象というものが、いかに不思議なものであるか……ということに大きな興味がもたれているわけである。

ふつうの物理学の教科書にしたがっていくと、磁石は電気の部門のうちのほんの片隅にしか書かれていない。しかし固体論、あるいは現代の物理学全般について見まわしたとき、磁性体の研究はかなり大きな部分を占めている。

このように多くのひとの研究対象になっている磁性とはどんなものか？　さきにも述べたように原子程度の大きさの小磁石が、向きを揃えたものなのである。磁石になるかならないかは向きが揃うか揃わないかの問題になるから、たくさんの粒子の総合的な行動、……ここでも確率論が必要になってくる。磁石に例をとって、いま一度確率的な考え方を調べてみよう。

電子磁石には東西がない

馬蹄形磁石ではなく、棒磁石を考える。文鎮のような棒磁石を机の上に置くときには、どちらを向けて置こうとも所有者の自由である。

水筒のふたなどについている方向を知るための磁針は南北を向く。これは地球の表面が磁界になっているからであり、われわれが指で押さえれば東西でも、もっとななめの方向でも向かせてしまうことは可能である。

ところが電子のような小さな粒子は……それ自身が、はじめから棒磁石的な性質をもっている。

このように粒子がいながらにして所有する棒磁石としての能力を（いまひとつ、粒子はいながらにして角運動量という力学的な性質をもつが）スピンとよんでいる。そうしてこの棒磁石（スピン）は一定の方向にしか並ばない。ただこの方向に対して北極か南極か、つまり、上向きか下向きかの違いがあるだけである。だからスピンを表すには矢印の記号で、たとえば↑を正の向き、↓を負の向きなどということがある。

原子は電子が何個か集まったものであるから、事情は多少複雑になる。棒磁石の強さは、電子一個のときよりも大きいことが多い。その方向も必ずしも一つ（向きでいえば二つ）でなく、三つの向き、五つの向きあるいは七つの向き……をとることができるものもある。

陽子や中性子、あるいはそれらの集合体である原子核もスピンをもつ。さらにあとから発見された重粒子のような素粒子も、同じようにスピンをもっている。光子（光をつぶとみなしたもの）も素粒子であるが、これはたまたまスピンの効果が消されていると考えればいい。

なぜ素粒子はスピンをもち、しかも特定の方向しか向くことができないのかと聞かれても、それが自然界のおきてだから仕方がない……としか答えようがない。ちょうどマイナスの電荷をもつものをどんどん小さくしていったとき、最終的には電子になってしまい、それよりも小さく分けることができないのと同じように、自然界での基本的な性質である。電子磁石（スピン）を斜めに向かせるという注文は、電子を半分にしたつぶを考えるというのと同じような無理難題なのである。電荷や質量に最小単位を認めるなら（つまり電荷や質量は連続でなく、結局はとびとびの値になるのだということを承認するなら）、電子磁石の方向にもたとえば南向きと北向きだけというようなことも認めなければならない。つまり方向も、質量や電荷と同じようにとびとびなのである（このような現象を、方向が量子化されているという）。

これらのことは量子論的な考えから導かれる事柄であり、統計力学はこのような量子論的な結果を容認したうえでなされる学問である。だから電子磁石の方向は上向きと下向きしかないということを、無理にでも承知してもらうことにしよう。

さて電子のスピンが上向きか下向きか……について確率論を考えよう。

相殺

簡単に電子は四個だけとしてみよう。電界は存在しないとし、また電子同士にも相互作用（隣からの影響）はないとする。そうするとスピンは上を向いても、下を向いてもエネルギー的には変わりはない。一つのスピンはまったく五〇パーセントの確率で上と下とを向く。

四つのスピンがとる組み合わせを描いてみると図19のように一六の異なる方法が存在する。状態1は全部が上を向き、固体（といっても電子の磁石は四つしかないが）は上向きの磁石となる。状態16では同じように下向きの磁石になる（固体の磁性は、スピンの磁性があわさってできる）。

微視的状態	1	2	3	4	5	6	7	8
スピン A	↑	↑	↑	↑	↓	↑	↑	↑
スピン B	↑	↑	↑	↓	↑	↑	↓	↓
スピン C	↑	↑	↓	↑	↑	↓	↑	↓
スピン D	↑	↓	↑	↑	↑	↓	↓	↑

微視的状態	9	10	11	12	13	14	15	16
スピン A	↓	↓	↓	↑	↓	↓	↓	↓
スピン B	↑	↑	↓	↓	↑	↓	↓	↓
スピン C	↑	↓	↑	↓	↓	↑	↓	↓
スピン D	↓	↑	↑	↓	↓	↓	↑	↓

図19　4個のスピンによる16通りの組み合わせ

状態2から5までの四通りは全体としては弱い上向きの磁石、12、13、14、15の四通りは弱い下向きの磁石となる。6から11までの六通りでは、固体は磁石にならない。このように考えると、わずか四個のスピンの場合でさえ、そこに特別な力でも存在しない限り、磁性は大きな確率で相殺されてしまうことがわかる。

将棋の金を四枚振って駒を進めていく遊びがあるが、この図は四枚の金を振ったときの組み合わせとまったく同じである。↑を表（金）↓を裏（字なし）とすると、全部が表（将棋の遊びではこれをおはぐろという）になる確率は一六分の一、全部が裏（同じく夜桜と呼ぶ）も一六分の一、一つおよび三つ表の出る確率はどちらも一六分の四（つまり四分の一）、二つ表になる確率は一六分の六（八分の三）である。もっとも将棋では、金が立てば一〇コマ進めるし横に立てば五コマ前進できるが、スピンの場合にはこれに相当するものはない。

固体の中の原子や電子の数は莫大なものである。たとえば手のひらに乗るほどの金属を考えた場合、すべてのスピンが同じ向きになる方法は一通りであるのに対し、半分が上、他の半分が下向きになる可能性は1000……というように、1の次に0が10^{23}個も並ぶ。ただの23個でなく、10^{23}個である。気の遠くなるほどの数になる。宇宙の大きさをミリメートル単位で表したものよりも遥かに遥かに大きい。だからふつうの物質は、ただほうっておいただけで突然磁石になってしまった……などということはまず考えられない。

エネルギーの介入

ところが世の中に磁石はある。固体が（実際には液体も気体も、ほんの弱い磁石になることができる）磁石になるのは、二つの理由に分けて考えられる。

(a)磁界をかけたとき（つまり強い磁石をそばにもってきたとき）、弱い磁石になるもの。これを常磁性体といい、白金、アルミニウム、パラジウムなどがあるが、ふつうの磁石によって吸いよせられるほどには、強い磁性をもつことはない。

(b)磁界がなくても磁石になるもの。元素としては、鉄、ニッケル、コバルトであるが、その他ＫＳ鋼、ＭＴ鋼、ＭＫ鋼などといわれる特殊合金がつくられている。これらを強磁性体とよぶ。

なおもっと正確に分類すると、磁界の中で常磁性とは反対向きに磁化される物質もある。銀、銅、蒼鉛《そうえん》（ビスマス）などがこれであり、反磁性体という。しかし磁力は弱く、われわれが磁石を近づけたからといって、逃げだすようなことはない。

なぜ(a)のように、ある種の物質は磁界をかけると磁石になるのか？　スピンが磁界と同じ向きになった方が、エネルギーが低くなるからである。

(b)の鉄などでは、スピンとスピンとの間に相互作用がある。隣が上向きなら自分も上向きになりたがっている。つまり同じ向きに並んだ方がエネルギーが低い。このように強磁性体では、それが磁石になるためには、組み合わせの数だけでなく、エネルギーがからまってくる。「エネルギー」と「組み合わせの数」とをいかに折衷《せっちゅう》していくかは、合金の場合にも少しふれたが、次の章で詳しく考えてみることにしよう。

はなしは少し変わるが、もし金属の中にマックスウェルの悪魔が住んでいたらどうなるか？　彼らはふつうの物質を強い磁性体にしてしまうことができる。（常磁性体では）スピンはどちらを向いてもエネルギーは同じだから、みんな一定の向きに揃えられる。あるスピンが逆向きになろうとしたら

「反体制はおよしなさい」

となだめてやりさえすればいい。スピンはあえて反対向きになろうとはしない。

しかし、一定温度のまま、しかも外部から熱をもらうことなく、磁界の中の常磁性体や、磁石になっている鉄などの磁性を消すことは彼らのよくするところではない。これらは揃っている方が（のちに述べるが、磁界の中の常磁性ではある程度同じ向きになっており、強磁性では完全に揃っていると考えていい）、所有するエネルギーが低いからである。

何度もいうように、マックスウェルの悪魔には力はない。彼ら独自の力で粒子のエネルギーを高めることは不可能である。彼らにできることはものを揃えること、いいかえれば、物質を小さな確率の状態にすることだけである。

V　なぜ空気はつもらないか

宙に浮く空気

ボールを空中にもち上げ、手をはなせば地面に落ちる。石でも鉄塊でも真綿でも、支えるものがなければ宙に浮いていることはない。風や上昇気流がなければ、鳥の羽根でさえすみやかに下方に落下する。

もっと小さな、雨や雪すらも、まるで競うようにして遠い天から地上に舞いおりてくるではないか。

それなのに、空気の分子がなぜ雪のように、降って地上につもらないのか？

分子は軽いからと言うかもしれないが、いくら軽くても重さはゼロではない。したがってそれは重力にひかれて地上に落下しなければならない。

それはアルキメデスの浮力の原理で浮いているのだ、と反論するかもしれない。目の前の空間に、ある一定体積の空気を考えよう（重さのないビニール袋につまっていると仮定してもよい）。液体の場合と同じように、それは周囲の気体（空気）から浮力を受け、さらにその浮力が重力とつり合っているから落下しない。

しかしながら、空気分子一つ一つは、実は真空の中にあるつぶである。とすると、なぜそのつぶが真空の中に浮いていて、重力の法則にしたがって地に落ちることがないのか？

空気分子は落下するのだけれども、その途中で、下にある他の空気分子に衝突して再び上に昇るのだと主張するかもしれない。しかし、上に行ってもまた同じていどの衝突があるはずであって、時間がたつと、空気層全体がしだいに下へつもってくると考えてよいのではないか？だが、今よりも昔の方が空気が薄かったという古老の話もきいたことがないし、やがて地球にはぎっちりと空気の層が凍りつくだろうと、本気でいい出す人もいない。

問題はさらに別のかたちで提起される。窒素や酸素のほかにも、この世にはたくさんの種類の原子や分子がある。しかし空中に浮游するものは、窒素や酸素や、あるいは炭酸ガスやアルゴンや水素などのようにかぎられたものばかりであって、金や銀や、炭素や鉄などが宙に舞うことがないのはなぜであるか？　原子の重さを比較すれば、炭素は酸素や窒素よりも軽いはずだ。しかし炭素が宙に満ちていて、深呼吸をしたら肺の中にどっと炭素が入ってきたなどというはなしはあまり聞かない（もっとも、煙突の上や炭坑の中で炭素の量がかなり多くなることはあるが、このときの炭素は原子ていどの大きさでなく、もっともっと大きな塊になって——といっても一ミリよりはずっと小さいが——空間に舞うのである）。

空気分子は空高く昇る

ものが落ちるということを、もう少し突っ込んで考えてみよう。物体は高い所にあれば位置エネルギーが大きいし、低ければ小さい。そうして、支えるものがなければ、物体は位置エネルギーを減らそうとしている。このため、地球の周囲では落下という現象が起こる。位置エネルギーの大きいものが、それを小さくしようとしているのは、落下の現象においてばかりではない。伸びたゴムやバネは縮もうとし、引きしぼった弓を放せば即座にもとの状態に復する。

こう考えてみると、自然界に存在するものは支えのないかぎり、つねに位置エネルギー減少の方向に向かっているように思われる。とすれば、空気分子はやはり地上に降《ふ》りつもらなければならない……。

ここでⅡ章の結論、「たくさんの粒子からできている体系では、粒子の組み合わせの数が最も多い状態が実現される」ということを、いま一度思いだしていただきたい。箱の中の気体分子の例で、さきには箱を左右二つに仕切って考えたが、今度は細長い容器の中に一〇個の同体積の小部屋をつくったものを仮定してみる。この容器を上下の方向に立てる。この中にかりに一〇個の玉が入っているとしよう。

位置エネルギーをまったく度外視した場合、一〇個の玉は一〇の部屋のそれぞれに、どのように入っていくであろうか。

下から三番目の部屋に九個入り、あとの一個は上から二番目に入るとか、六個が下から四番目の部屋で、四個が上から三番目とか、その他いろいろな場合が考えられるであろう。

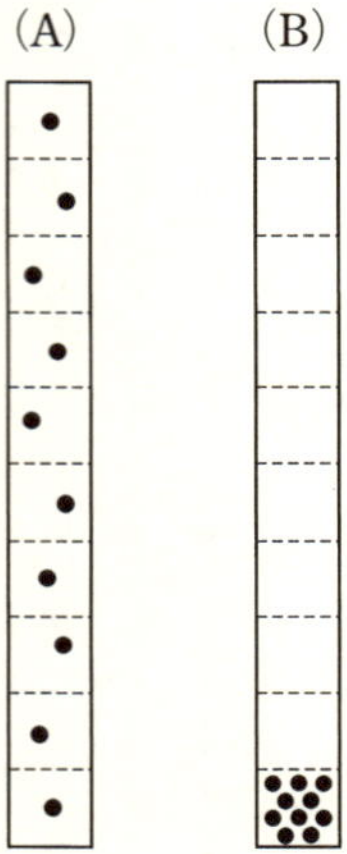

図20　たて長の箱の中の気体分子。(A)は確率およびエネルギーともに(B)より大きい

ビックリ記号を使っての計算

あまり考え過ぎても、混乱するだけだから、次の二つの極端な例をくらべてみよう。

(A)各部屋に一個ずつ入る
(B)一〇個全部が一番下の部屋に入る

(B)のケースでは場合の数（入りうる可能性）は一通りである。(A)のケースでは、どの部屋にどの玉が入るかという組み合わせの数は非常に多い。上の部屋から順に玉A、B、Cなどを入れるのに、A、B、C、……あるいはB、A、C、……あるいはC、A、B、……など、さまざまな場合が考えられる。四枚のカードで二枚が表になる場合の数は六通りだったが、一〇個の玉を一〇の部屋に入れる場合の数は、

$$10\times9\times8\times7\times6\times5\times4\times3\times2\times1 = 3{,}628{,}800$$

という大きなものになるのである。

一番上の部屋には一〇個の玉のうちの何が入ってもいいからこれで一〇通り、そのうちの一通

りに対して二番目の部屋には残りの九個の玉のうちの何が入ってもいいから九通り（したがってここまでで、10×9通り……）、さらにその九通りに対して次の部屋では八通り（ここまでで10×9×8通り……）……というように考えられ、全体の場合の数はこれらのかけ算になって三六〇万あまりになる。一から一〇までかけ合わせた記号を10！とかき、これを一〇の階乗とよぶ。！はビックリ記号だからというので、一〇のビックリという人もある。このように配置された数を、数学では順列という。

もし箱の中の玉が、高い所にあろうと、低い場所にこようと、エネルギーに差がないとしたら、玉は一部屋にかたまるよりも、一〇個の部屋に一つずつ分けられる。均等に分けられる方が、かたまるよりも遥かに大きな確率をもつからである。

気体分子は玉と違って太郎とか次郎とかの個性をもたないものであるから、同じようには論じられないが、場合の数の多寡を理解するには、玉の例と同じように考えていっても悪くないであろう。したがってエネルギーを無視すれば、気体分子が地上につもる（玉が全部一番下の部屋に入る）ことは、たくさんのカードが偶然に全部、表を向くと同じように考えにくいことである。分子が上空にまで同じ密度で浮遊している場合の方が、遥かに実現しやすい。

もっとも、空間は容器と違って天井がない。位置エネルギーを考えなかったら（地球が空気分子を自分の方に引っぱるということがなければ）、空気は一様な密度になって非常に高くまで昇ってしまい、地球の表面はほとんど真空になってしまうだろう。

ふたたび妥協の問題

合金の場合と同じように、ここでも矛盾する二つの事柄にぶつかった。

①空気分子はできるだけ位置エネルギーを小さくしたい。そのためには地上につもってしまうのが最上の策である。

②たくさんの粒子からできている体系は、実現の確率の最も大きな状態になろうとしている。このためには、空気分子は非常に薄く、同じような密度で遥か上空にまで広がるのが得策である。

空気分子は、この二つの法則の板ばさみになっている。あちらをたてればこちらがたたず……で結局のところ、両法則の顔をたて、つもりもしないけれど、といって上空まで一様というわけにもいかず、実際に観測されるように、下に濃く、上に薄い分布をすることになる。

金が気体にならないわけ

窒素や酸素の分子の分布は納得できるが、それではどうして金や鉄や炭素などの原子が気体にならないのか。金原子や鉄原子は、窒素や酸素にくらべて重いからか？　重いことが地上にかたまっている理由にはならない。重いといってもたかが原子ではないか。

確かにその通りで、つぶがもし重ければ、下には非常にあつく、上にはたいへん薄くなるが、やはり空間に分布しなければならない。それでは鉄や炭素が気体にならないのは、別の理由があるのか。

鉄とか炭素とかの原子の間には、強いエネルギーがあることを忘れてはいけない。金や鉄や炭素などの原子同士は、酸素分子や窒素分子などとくらべて、桁違いに強く結びついている。

二つの原子が強く結合している（これを化学的に結ばれているという）ときには、両者の間に符号がマイナスで絶対値の大きなエネルギーが存在することになる。しかも、鉄でも炭素でも、雪ダルマ式にいくらでもたくさんの原子をじゅずつなぎにする能力をもっている。

確かに原子が上空まで昇っていくことは確率がそれだけ大きく、その意味では出現しやすいことである。ところが金や炭素の原子が集まると位置エネルギーがうんと低くなる。確率は小さくなるが、もはやそれは問題ではない。鉄でも炭素でも、固体や液体をつくる原子（あるいは分子）すべては、お互いに密集してエネルギーを小さく（数値的にはマイナスで絶対値を大きく）した方が、得策なのである。つまり現実には確率的要素はほとんど無視され、エネルギー派が圧勝する。

こうして金や鉄や炭素などは大きな大きな塊になる。原子程度のものならいざ知らず、充分目に見えるほどの固体になれば、たとえそれが何百個からのブロックでできていても、何割かが空中に上がるなどということはない。大きな物体が昇れば……位置エネルギーはあまりにも大きくなりすぎるのである。
窒素、酸素、水素などの原子は、お互いに二つだけは固く結びついて、それぞれN_2、O_2、H_2になる。ところがN_2同士やO_2同士を近づけてもそれほどエネルギーが下がらない。わかりやすくいえば、これらの分子同士の引力は非常に弱い。だから集合するよりもむしろ離ればなれになり、上空高くまで昇って確率を大きくする。

イカサマカード

エネルギーと組み合わせの数がこんがらがっているとき、どこに妥協点をみつけるかを、一般的な方法で考えてみよう。合金の問題も、磁石も、気体分子も、結局はこれから述べるイカサマカードのはなしに翻訳される。

昔から、サイコロを振る丁半博打にイカサマはつきものだという。実際に、スチロールなどで作った賽《さい》の特定の面（たとえば六の目の面）のすぐ内側に鉛などを仕込んでおくと、面白いほど反対の面（一の目の面）がよくでる。もっともこんな賽だったら素人が手にしただけでからくりのあることがすぐばれてしまうが、とにかくこんなサイコロは公平ではない。

仕掛けのまったくないサイコロを何回も何回も振れば、一の目のでる確率も六の目が現れる可能性も、全体の六分の一ぐらいである。それではイカサマのサイコロを振ったら一の目はどれくらいでるか。全体の半分ぐらいか。七割ぐらいか。あるいは一〇〇回のうち九九回も一になるのか？

　これはいちがいにはいえない。仕込む鉛の大きさや位置によって変わってくる。

　サイコロの場合は話が面倒だから、例をカードにとろう。ぶあつなカードをつくり、裏側半分は鉛の板で、表側半分はボール紙でできているとする。カード全体の厚さは、鉛とボール紙とを加えたものになる。

　さてこのようなカードを一〇〇〇枚つくり、風の吹く日に広場にバラまいた。カードは風のために表になったり、裏返しになったりしている。これら風になびいている一〇〇〇枚のカードのうち、ある瞬間には何枚が表であるか？

　風のないときと同じように五〇〇枚ほどが表であろうか？　そんなことはあるまい。裏側は鉛だから、カード自身はどちらかといえば表を上にしたがっているはずである。この場合、われわれにわかっている知識は、表を向いたときと裏返しの場合とのカードの位置エネルギーの違いである。位置エネルギーというのは、一般的にいって質量mと重力加速度gと高さhとをかけあわせて

$$E = mgh$$

で表される。

カードが表のときには重心が低く、裏返しになっていれば重心が高い。だからいま、裏の場合と表向きのときとの重心の差（カードは薄いから、重心の差はあまり大きくはないだろうが……。もちろん重心の差は、カードの厚さより小さい）をhと考えれば、そのときは先の式のEそのものが、表向きになる場合と裏向きになる場合のエネルギー差を表すことになる。

エネルギー差のEが大きければ、位置エネルギーの比較的小さな表はかなりでやすく、それの大きい裏返しのカードは数が少ない。Eが小さければ、表と裏との枚数はそれほど違わない。ところが残念なことには、Eの値がわかっただけでは一〇〇〇枚のうちの何枚が表になるかは決まらない。ここでもう一つの要素である風の強さが問題になるのである。

エネルギー差のEがすでにわかっているものとする。表が裏よりでやすいのは確かである。ところが風がうんと強いときには表と裏との枚数の差が非常に接近してくる。

なぜ表がでやすいかをいま一度考えてみれば、裏を表にするのは比較的に楽であるが、表を裏にするのはしんどいからである。これらの作業をするのは風である。強風なら、作業が楽だろうが、しんどかろうが、どんどんひっくり返してしまう。うんと強い台風のまえには、小さな家も大きな家もおかまいなく、エネルギー差は色あせてくるわけである。

逆に風力が弱ければ表は多いし裏の出方は少ない。大きい家は安泰で、ほったて小屋のみ被害

風の強さが問題！

をこうむる。

仕掛けのないカードでは、風に吹かれて表と裏とが半々になったが（最も組み合わせの数の大きい状態になったが）、イカサマカードでは、結局次のようにいえる。
①エネルギー差が大きいほど、低エネルギーの個体は多く、高エネルギーの個体は少なくなる。
②風が強いほど、高低両エネルギーの個体の数の差は少なくなる。

磁石とイカサマカード

イカサマカードの問題は、磁界の中にあるスピン（小さな棒磁石）のはなしと同じである。このとき風に相当するものは、固体の温度（もちろん絶対温度）Tである。

はなしを簡単にするために、電子を考えよう。電子のもつ磁気モーメント（磁気量と、正負の磁気の間の距離をかけたもの）の大きさは、はっきりわかっており

$$\mu = 0.927 \times 10^{-20} \text{ エルグ/ガウス}$$

という値になる。といっても、エルグ（これはエネルギーの単位）だの、ガウス（これは磁界の強さを表す単位）だのといわれても、感覚的に見当がつかないが、とにかく非常に小さな棒磁石

だと思っていただきたい。またμ《ミュー》の値をマイナスに定義してある書物もあるが、ここではプラスとして考えていこう。

これに磁界Hをかけてやる。するとすでに述べたように電子のスピンは磁界と同じ向きになるか、逆の向きになるかのどちらかである。同じ向きならスピンのもつ磁気エネルギーは$-\mu H$であり、逆向きならμHになる。つまり逆向きの方が、位置エネルギー（正確には磁気エネルギーというべきであろうが、力学でいう位置エネルギーと同じように考えていい）が$2\mu H$だけ高い。ちょうどイカサマカードで、表を向くよりも裏向きの方がmgh（hは重心の高さの差）だけ位置エネルギーが大きいのと全く同じ事情になる。

さて、ある固体全体としての磁気モーメント（磁石としての強さ）は、磁界と同じ向きのスピンと、反対向きのスピンとの差になる。反対向きのものどうし一つ一つ消し合って、おつりだけが残る勘定である。

だから固体全体の磁気モーメントさえ測ってやれば、全体の何パーセントのスピンが磁界の向きになっているかがすぐにわかる。

最初に磁界Hは一定のままにし、温度Tを変えてみて固体のスピンを調べていくと図21のようになる。高温ほど固体の磁性は小さい。つまり温度が高いほど、両向きのスピンの数は伯仲してくる。

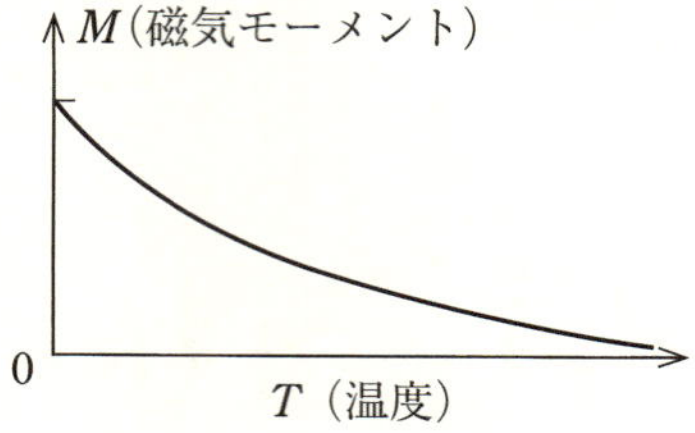

図21　磁界一定のときの金属の磁気モーメント（磁界と同じ向きのスピンと反対向きのスピンとの差）

次には温度Tを決めておき、磁界Hを変えてみる。当然のことながら、図22のようにHの大きいほど固体の磁性は強くなる。

ボルツマン因子

熱力学は一九世紀ごろからかなり研究されていたが、その後期から二〇世紀初めにかけて分子や原子の概念が確立されると共に、熱的現象を多粒子の集団的な振る舞いとして説明していこうという気運が高まってきた。これが統計力学であり、その開拓者としてまっさきにボルツマン（一八四四―一九〇六年）の名を挙げなければなるまい。

彼は音楽の都オーストリアのウィーンに生まれ、ミュンヘン大学、ウィーン大学などの教授をつとめて名声をほしいままにしていたが、熱的現象は一方的に進行して逆もどりをしないという、いわゆる非可逆過程は、原子、あるいは分子の立場から説明されなければならないことを終始強調した。

自然界にはエネルギー論のほかに確率的法則の存在することを主張したものであり、この法則をそのまま宇宙に適用すると、プロローグで述べたように、宇宙は熱的終焉をむかえることになる。

あまりにもペシミスティックな宇宙の熱的滅亡に悲観したかどうかは詳《つまびら》かではないが、彼は晩年をショーペンハウアーの厭世的な哲学に影響され、熱力学・統計力学の研究者として業績ゆたかな生涯を、異国のホテルでの自殺で終わらせている。

はなしは飛躍するようだが、ボイル・シャルルの法則 $pV = RT$ の、左辺は気体を流体力学的に考えたエネルギー、右辺は熱的な意味でのエネルギーといえる。ただしこの式は、分子のかずが $N = 6 \times 10^{23}$ 個（これをアボガドロ数という）という非常に多いときの関係を示すものである。これを粒子一個当たりのエネルギーに換算すると、R を N で割った値 k を使って右辺は kT としなければならない。したがって kT が粒子一個当たりの熱的エネルギー（Ⅲ章で、粒子が一つや二つだったら、熱などというものは定義できないと述べたが、あくまで換算という意味で）と考えていい。

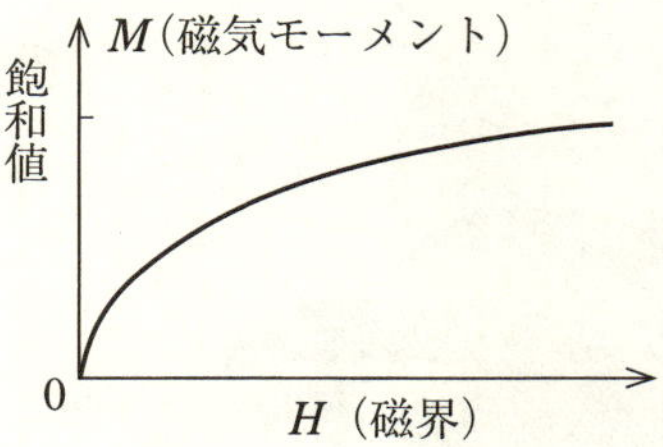

図22　温度一定のときの金属の磁気モーメント

熱的終焉に悲観したか？

このような考え方は、ボルツマンにより推進されて、これと温度との掛け算がエネルギーになるところの定数

$k = 1.38 \times 10^{-16}$ エルグ/度

をボルツマン定数という。

kT というエネルギー単位を用いて、磁界Hの中の、上向きと下向きのスピンの数の比率を、さきに描いたグラフなどから研究してみると

$$\frac{(\text{磁界と反対向きのスピンの数})}{(\text{磁界と同じ向きのスピンの数})} = \frac{1}{e^{2\mu H/kT}} = e^{-2\mu H/kT}$$

という、いささかややこしい式になることが明らかにされた。eとは自然対数の底で、その値は$e = 2.7182818$……とどこまで書いていっても書ききれない数、つまり無理数である。kという定数を用いて式を書くかぎり、どうしてもこのような半ぱな数の世話にならざるをえない。

磁石の場合だけでなく、どのような体系にあっても、エネルギーが零である微視的状態にある粒子数と、Eというエネルギー準位にある粒子数の比は

$$e^{-E/kT}$$

となることが証明されている。Eがプラス（つまり基準状態よりも高いエネルギー）なら、この

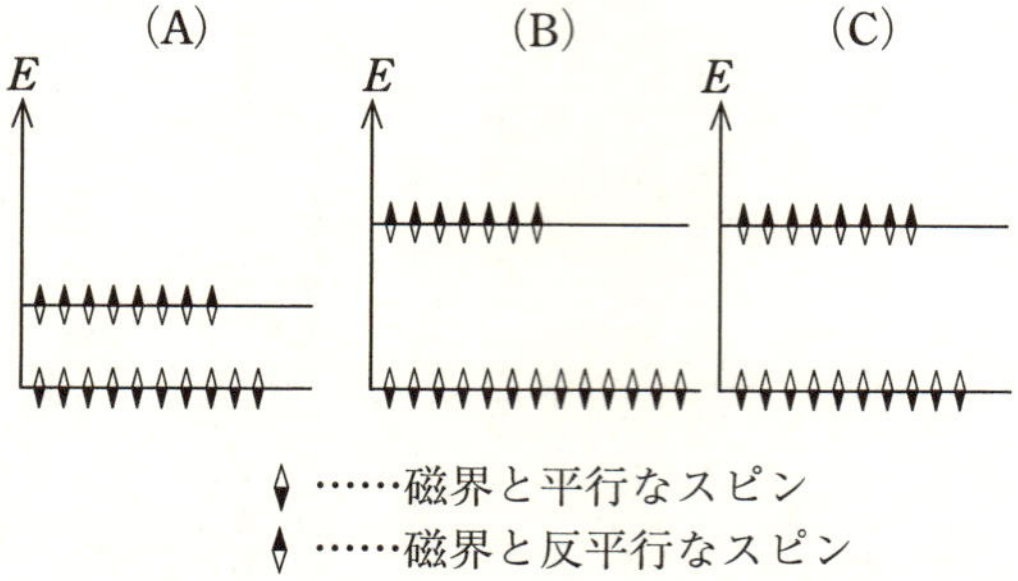

図23　磁界の中のスピンの数。(A)は二つのレベル（差は$2\mu H$）にあるスピンの数，(B)は磁界が強くなったとき，(C)はさらに温度が上がった場合

値は1より小さい。エネルギーEと、体系の温度Tによって書き表されたこの式を、ボルツマン因子という。

イカサマカードの例でいえば、この因子は裏の出る確率（表の出る確率に対して。したがって裏は出にくい）だと思えばいい。

この因子にしたがって、磁界の中のスピンの個数を描くと図23のようになる。固体の温度を上げていくとどうなるか、あるいは磁界を強くしたら分布はどんな風に変わるかは、これまでのはなしと対照してみるとわかりやすい。

また大気の空気の密度は、上空にいくほど（位置エネルギーEが大きくなるほど）薄くなっているが、その分布はボルツマン因子に近いかたちになっている。ただし上空にいけばTが小さくなるから、高空の気圧を計算するときには、そのことをも考慮しなければならない。

温度とは個体分布のありさま

イカサマカードや磁界の中のスピンでは、エネルギーの準位は二つしかないが、一般に個体のとりうるエネルギー・レベル（準位ともいう）というのは非常にたくさん（多くの場合、無限にたくさん）ある。将棋の駒なら、サカダチ、縦に立つ、横に立つ、寝る、の四通りだろうが、単振動をしている原子などのエネルギーは、その振動数をν《ニュー》とすると、$h\nu$（hはプランク定数）の〇・五倍、一・五倍、二・五倍……というようにとびとびの値になることが量子論によりわかっている。かりに同じ振動数で単振動しているたくさんの原子が金属の中にあるとしよう。このとき全体の何パーセントぐらいが最低エネルギー・レベル（$h\nu$の〇・五倍）にあり、一・五倍のものはどれほど、さらに二・五倍のものは何割ぐらい……になるか？

このことは金属の温度によって決まる。低温なら下の準位のものが多く、高温なら上の準位にも大分上がっていく。これらの比率は、統計力学の計算により正しく決められる。

逆の考え方をすれば、温度とは、体系の中のたくさんの個体（たとえば分子）の分布の様子であるといえる。温度とは、最初は、われわれの皮膚に感覚される熱さ冷たさの度合いとして、極めて素朴な決め方をした。次には、物質が膨張していることであるとして、定義を視覚的にした。

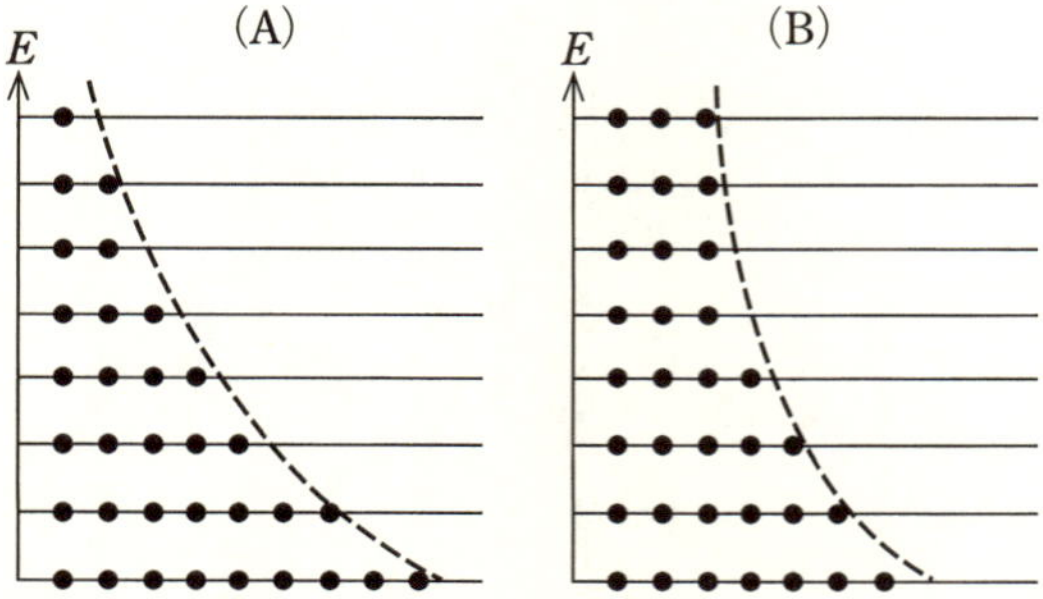

図24　低温(A)と高温（B)

その次には温度とは、分子や原子が活発に動いていることであると考えた。これはミクロな立場にたっての決め方である。

ここではさらに、温度とは、個体がエネルギーの各準位に分布しているありさまであるとしたのである。統計力学的な定義だといえる。低温ということは、エネルギーの低い準位にたくさんの個体があることであり、高温とは高い準位にまで個体が上っている状態をいう(図24)。

このように「温度」の内容はだんだん変わってきたのであるが、これらの決め方は決して矛盾するものではない。単なる感覚から離れて、しだいに一般的になってきたのである。

三種の粒子

これまで「組み合わせの数」を勘定するとき、粒子

Aとか粒子Bとかいうように、一つ一つの粒子は個性をもったものであるとして、それらをとり扱ってきた。ところが分子も原子も電子も、あらゆる素粒子は、これを太郎粒子とか次郎粒子とか特徴づけて区別することができない。

このように考えて計算してみると、エネルギーがEである粒子の数は、実はボルツマン因子とは少し違ってくる。ただ、個性を考えない統計（これを量子統計という）には二つの場合があり、その一つは、あるミクロの状態には一つの粒子しか入ることができないという制限づきのもので（この制限をパウリの排他律という）、これをフェルミ‐ディラック統計とよぶ。もう一つはこの制限のないもので、こちらはボース‐アインシュタイン統計という。だから統計は次のような三種類に分かれる。

古典統計――マックスウェル‐ボルツマン統計

量子統計 ｛フェルミ‐ディラック統計
　　　　　 ボース‐アインシュタイン統計

電子、陽子、中性子、ミュー粒子など多くの素粒子はフェルミ‐ディラック統計に従う。これに対して、光子や、パイ中間子、あるいはα粒子のような偶数個の複合粒子（α粒子とはヘリウムの原子核のことで、二個の陽子と二個の中性子からできている）はボース‐アインシュタイン統計になる。どちらの統計に従うかは、その粒子のもつ生まれながらの性質による。

ただ気体分子などのように比較的質量の大きい粒子（分子は電子にくらべれば、何千倍あるいは何万倍も重い）は、古典統計で十分である。元来は、どんな個体でも量子統計に従うはずであるが、高温の場合や質量の大きいときには古典統計で近似されるのである。

量子統計で、ある準位に粒子の存在する確率をかりに1としてみると、それよりもEだけエネルギーの高い準位に粒子を見いだす確率は

フェルミ－ディラック統計　$$\frac{1}{Ae^{E/kT}+1}$$

ボース－アインシュタイン統計　$$\frac{1}{A'e^{E/kT}-1}$$

というような式になることがわかっている。AやA'は研究対象により、それぞれの場合に応じて決まってくる定数である。古典統計とくらべて、（定数の因子を別にして）分母にプラス1とマイナス1が入っているところが違っている。

量子統計ともなると

マックスウェルとボルツマンについてはさきに紹介した。

ボースとは変わった名前だが、これはインドの物理学者であり、アインシュタインは相対論で

よく知られている。アインシュタインといえば誰でもすぐに相対論を想像するが、そのほかにもコロイド粒子の熱的運動の理論や高分子溶液の粘性の計算、さらには固体比熱の研究など、物性論の分野でも多くの業績を残している。一九二一年にノーベル賞をもらっているが、その対象になった研究業績は相対論でなく、光電効果（光が金属に当たったとき、これから電子のとびだす現象）であるのは一寸意外である（ノーベル賞は、理論に対しては評価が慎重である）。

フェルミはイタリアの原子物理学者で、のちにアメリカに渡ってシカゴ大学に拠をかまえ、原子核や素粒子論の研究をしている。

ディラックはイギリス人で、原子の世界を解明する量子力学が、フランス派の波動力学とドイツ派のマトリックス力学とに分かれて発展してきたのを統一的にまとめあげたことで名高い。また、陽電子（ふつうの電子はマイナスの電気をもっているが、これとは逆にプラスの電気をもった電子のこと）の理論を導いたことでもよく知られている。

金、銀、あるいは銅のような金属では、たくさんの電子が固体の中を走りまわっている。だから電子の位置は金属の中のどのあたりにあるか……などということはわからない。ということになると電子の状態は（その位置でなく）速度（正確にいうと運動量）によって区別するしかない。

フェルミ－ディラック統計では一つの状態（一つのきまった速度）には一つの粒子（電子）しか入ることができない。したがって非常に温度の低い金属でも、たくさんの電子は速度の小さい状態から順々につまっていき、なかにはかなりのスピードで走っているものもある。低温にもかかわらず粒子の速度が大きい……古典統計ではこんなことはなかった。

ただし、いくら電子が走っていても、右に行くものと左に急ぐものとの数が同じのため、電圧をかけてやらないかぎり電流は生じない。

一方、ボース-アインシュタインの統計をしらべていくと、ある温度以下では運動エネルギーがなくなってしまう粒子がわんさと増えてくる……という奇妙な性質がある。実際に液体ヘリウム（ヘリウム原子はボース統計にしたがう）は、二・一八K（Ⅳ章で述べたλ点）以下でこの世の液体とも思われない妙なそぶりをする。エネルギー零の原子が増えるとなぜこんなおかしなものになるか……そのへんの関係はあまりさだかではない。また実際には原子と原子との間の相互作用もあることだし、はなしは複雑になるが、とにかく液体ヘリウムに相転移という現象があるのは、量子統計の効果が現実に現れたものである……といってよさそうである。

Ⅵ　でたらめの世界

James Clerk Maxwell

トランプ当てあそび

「さあここにたて、よこ四枚ずつ、都合一六枚のトランプがある。この中で一枚だけ君の頭の中で思ってくれたまえ」

「うん、思った」

「それは上半分にありますか?」

「その通り」

「それでは、残りのうちの右半分にありますか」

「ノー」

「左上の四枚を上と下とに分けて、上にありますか」

「いいや……」

「残りのうちの右側ですか」

「はい」

「君の思っていたのは、クラブの10でしょう」

べつに面白くもなんともないはなしである。これでは当たるのがあたりまえだ(図25)。

はなしはあたりまえだが、ここで三種類の数値について考えてみよう。

図25　トランプ当てあそび

①カードの数。これは一六枚。つまり最初はわからなさが一六もあった。なんの予備知識もなく相手の思っているものを当てようとするなら、ずばりで当たる確率は一六分の一である。

②相手の返事の種類。イエスとノーの二種類である。相手がもし

「ぼくはハートが好きだ」とか

「絵ふだはいつも考えないことにしているんだ」

などのよけいな情報を提供してくれればはなしは少し変わってくるが、いまの場合返事はあくまで二種類である。

③質問の回数。これは四回である。一六枚のカードでは、ふつうにやるかぎり（相手の目の方向を読みとるとか、相手の心理にまでたち入って研究してみる……などという特殊なことのないかぎり）四回の質問は必要である。

これら三種類の数値は

$$2^4 = 16$$

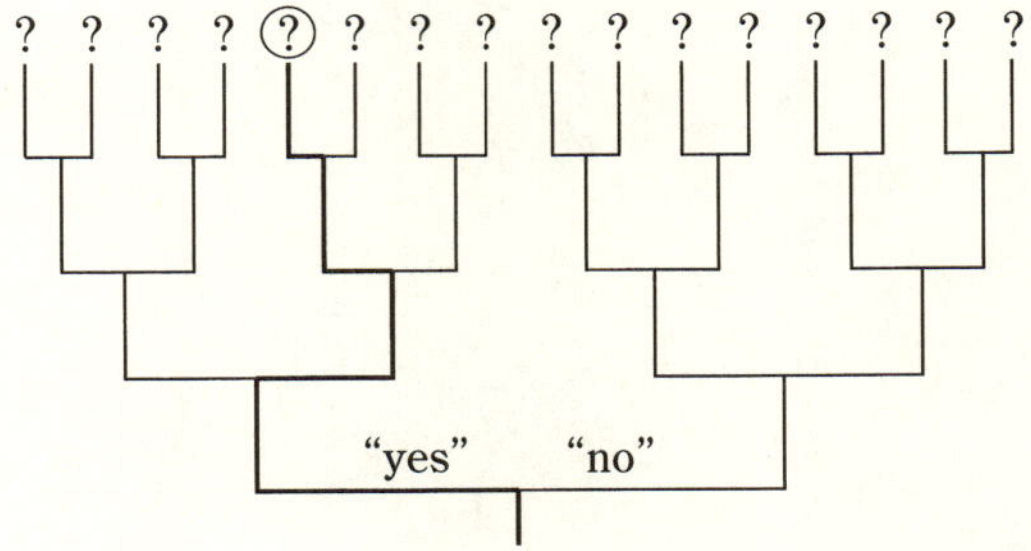

図26　何回の質問が必要か？

で関係づけられる（図26参照）。

回答はあくまでイエスとノーの二種類とし、質問の回数をnとしてみると、当てることのできるカードの枚数Wは

$$W = 2^n$$

である。

むかしラジオに「二〇の扉」というのがあった。質問に対する回答は、イエスとノーの二種類だけである（多少のヒントを教えてしまうようなこともあったが……）。当てるべき対象物はトランプではなく、森羅万象なんでもいい（もっとも最初に、動物、植物、鉱物というような指定はあった）。

このように二〇問をむだなく重ねると、一体どれほどの個数の対象物から、たった一つをいい当てることができるか？

さきの式のnに20を代入してみればいい。

$$W = 2^{20} = 1,048,576$$

ざっと一〇四万以上の未知のものから一つを、ピックアップできる勘定になる。

ビットとは二者択一の別名

四回の質問では、一六枚のカードの中から一つをいい当てることができる。この叙述《じょじゅつ》法を逆にして、一六枚から一つを当てるには、質問は四回必要である……ということを式にするには、対数という数学的記号を用いて

$$\log_2 16 = 4$$

と書く。左辺を、2を底《てい》とする16の対数という。2を何乗すると16になるか……その何乗の「何」を表している記号がlog（ロガリズム）である。Wとnとの関係は対数を用いて書くと

$$n = \log_2 W$$

となる。もちろん$\log_2(1,048,576) = 20$である。

一般にミクロの物理学でも、社会的な情報の取り扱いでも、未知なるものの数Wは莫大である。一億とか、一兆とか、あるいはもっともっと多いかもしれない。ミクロな物理学や情報理論では、Wに相当するものの数はどれくらいかがしばしば問題になる。事柄がはっきりしているときにはWは小さいが、一般の場合には非常に大きくなるだろう。こんなとき、大きな数をいちいち書いたり計算したりしていてはたまったものではない。

そこで情報量などの多さ、あるいは分子や原子を対象にしたときの組み合わせの数の多寡などを言い表すには、Wを直接に使わずに$\log_2 W$という数（さきほどのn）を用いれば、大変効果的である。

情報理論では実際にこれを用い、$\log_2 W$のことをエントロピーといい、単位をビットという。ビットとはbinary digit（二進法の数）を略したものである。

しばらくは底を2とする対数、つまり情報学で使うエントロピーを考えてみよう。

情報的エントロピー

四ビットは三ビットよりも情報量が多いし、八・六ビットは五・六ビットよりもわからなさの程度がはげしい。このようにビット数は必ずしも整数でなくてもいい。

$\log_2 1 = 0$だから、零ビットとは「確定的」ということであり、$\log_2 2 = 1$であるから、一ビットとは「二者択一」の別名である。
情報量の数が一万でほぼ一三ビット、一億でほぼ二六ビット、一兆で四〇ビットたらずである。情報量がいくら多くても、エントロピーの数に直せばなにほどのこともない。

一〇〇枚のカードのエントロピーは$\log_2 100$で、約六・六ビットである。さきのトランプ式のイエスとノーとで当てるためには、質問の数は六・六回必要である……というおかしなことになる。

実際には、多くとも七回の質問でことたりるということである（運がよければ六回ですむかもしれない）。カードが三枚ならほぼ一・五八ビットだが、うまくいけば一回の質問でよく、運が悪ければ二回質問しなければならないことはすぐわかるだろう。

なにを知りたいかでビットは変わる

エントロピーとは情報量の対数だといったが、わからなさの数の対数、あるいはでたらめの大きさの対数だと表現してもいい。

サイコロを振るについてのエントロピーはいくらか？　六つの面のどれがでるか不明だから、$\log_2 6 = 2.58$……、二・五八ビットである。

ところがサイコロを振って、奇数か偶数かだけを知りたい……という立場にたったらどうなる

質問の数は1.58回？

だろう。あるいは奇数の目を赤でぬりつぶし、偶数の目の面は真っ白にしてしまって、さて赤か白かという話になったら、エントロピーはいくらというべきだろうか?

これは五分五分の二者択一である。銅貨を放って、表か裏かというのと全く同じと考えていい(まさか銅貨が立つなどということはあるまい)。だから$\log_2 2 = 1$で一ビットになる。

つまりサイコロで、一、三、五の面は区別しない(あるいは区別できない)、二、四、六についても同様……ということになると、エントロピーは減る。だからエントロピーを求める問題では、「われわれは最終的にどこまで知らなければならないか」ということをはっきりさせておかねばならない。

確率からエントロピーへ

赤玉一個と白玉一個があり、目かくしで一つの玉をとりだしてその色を当てようとするときのわからなさは、もちろん、赤か白かの二者択一だからエントロピーは一ビットである。赤玉一〇〇個と白玉一〇〇個とがまざって箱の中に入っているとき、とりだした一つの玉が赤か白かのわからなさも同じく一ビットである。

それでは赤玉八〇〇個と白玉二〇〇個が箱に入っているとき、目かくししてとりだした一つの玉が赤か白かのわからなさは何ビットか? 一ビットなどと言ってはいけない。五分五分《ごぶごぶ》のときよりも八分《ぶ》二分《ぶ》の場合の方が、「わからなさの度合い」は小さいのである。後者の方がエントロピーは小さくならなければならない。

こんなときにはどうして計算したらよいか？　ここで確率と物理学（エントロピー）とがはっきりと結びつく（もっとも物理的エントロピーは、対数の底を2でなくeとするのだが……）。

赤か白かの問題に対しては、赤である確率をp_1、白である確率をp_2とすると、赤か白かを問う際の不明さ、エントロピーは

$$-p_1\log_2 p_1-p_2\log_2 p_2$$

となるのである。マイナスがついているのではエントロピーは負になってしまいそうだが、pが1より小さければその対数$\log p$が負となり、その頭にマイナスをつけることによりかえって全体は正になる。

一〇〇〇のうちの八〇〇と二〇〇では、おのおのの確率は$p_1 = 800/1000 = 4/5$、$p_2 = 200/1000 = 1/5$であるから

$$-\frac{4}{5}\log_2\left(\frac{4}{5}\right)-\frac{1}{5}\log_2\left(\frac{1}{5}\right)=0.7219\cdots\cdots\text{（ビット）}$$

となり、二者択一の場合よりもエントロピーは小さい。五分五分よりも、もう少しよくわかっ

ているということになる。

また将棋の金振り（四枚一度に振る）は結果（裏と表の組み合わせ）が一六通りある。次に振ってその一六通りのうちの何番目の組み合わせが出るか……という問題ならエントロピーは$\log_2 16 = 4$（ビット）である。しかし次に出る裏の数が零（夜桜）、一、二、三、四（おはぐろ）のうちのいずれであるか（たとえば一には四通りの出方があるが、それらを区別しないで）……となると

$$-2\times\frac{1}{16}\log_2\left(\frac{1}{16}\right)-2\times\frac{4}{16}\log_2\left(\frac{4}{16}\right)-\frac{6}{16}\log_2\left(\frac{6}{16}\right)=2.03064\text{（ビット）}$$

となり、わからなさの程度は減る。

なお次に簡単な例を挙げておく。

＊赤玉一、白玉一、青玉一なら　一・五八五ビット
＊赤玉二、白玉一、青玉一なら　一・五ビット
＊赤玉一、白玉一、青玉一、黄玉一なら　二ビット
＊赤玉四、白玉一、青玉一、黄玉一、紫玉一なら　二・五ビット

物理的エントロピー

情報理論でのエントロピーは、長さとか時間とかあるいは質量とかいう自然界の量に関係しな

い単なる数値であった。

物理学では、わからなさの程度、あるいはでたらめさの度合い……といっても、これをエネルギーなどと比較していかなければならない。

ここで、はなしは前章の風の中のイカサマカードの例に戻る。あるいは温度Tでのスピンの例を思いだしていただきたい。

これまでしばしば妥協ということばで片づけてきたが、①位置エネルギーは小さく、②確率は大きく、③しかも温度が高いほど「確率」の方が強く効く……という、勘定すべき三つのばらばらの条件を、ピタリ一つの式で表そうという研究が続けられた。その結果

(エネルギー)－(温度)×(エントロピー)

というものをつくってやると、物理体系は、この式を最も小さくしようとしているものである……ということがわかったのである。

この式全体を自由エネルギーとよびFで表す。全エネルギー(位置および運動の)はE、温度はT、エントロピーをSと書くことにすると

$$F=E-TS$$

を最も小さくするような分子や原子の配置が、まえに述べたボルツマン因子によって表されることが明らかになったのである。

いきなりこういわれてもピンとこないかもしれないが、式の意味は二一七ページで詳しく説明する予定である。はじめにSについて考えてみる。

体系のとりうるすべてのミクロな状態の数（スピンが上向き下向きで半々になる数のWは1の次にゼロが10^{23}個も並ぶ）の対数を、物理の場合でもエントロピーとして、これをさきの式のSの場所におけばいいのである。ただしSとTとをかけたものは、エネルギーと同じ種類の量にならなければいけない（そうでないとひき算ができなくなる）。そのためには比例定数として、熱的現象の基本であるボルツマン定数を使うのが当をえている。そうすると対数の底は2でなく、eとしてやらないと（つまり自然対数にしてやらないと）、実際の現象と合わなくなる。

このような研究の末、エントロピー

$$S = k \log W$$

が定義された（自然対数のときは、底のeをはぶくことにする）。このSの意味を考えることにより、自由エネルギーFとはどんなものかが、だんだんと明らかになってくる。

この式をはじめて設定したのはボルツマンであり、エントロピーをこのように定めてやることをボルツマンの原理という。ただし、エントロピーという言葉そのものは、クラウジウスがつけたといわれる。

エントロピーとは結局、体系の中の粒子のこまかい状態の多様性、あるいはわからなさの度合い、さらにはでたらめさかげん……と思えばいい。

たとえば合金の問題でA席にはCuが、B席にはZnが坐っていればWは非常に小さいが（全く規則的にならばW=1）、間違った原子が増えてくると、配置の方法のWはうんと増えてSは大きくなる。そのときには、われわれはA席にCuがあるのやらZnが坐っているのやら、わからなくなっているわけである。

金でも鉄でも気体になる

自由エネルギー$F=E-TS$を小さくするには、Eが小さいほど（Eの値がマイナスなら、絶対値は大きい方がいい）、またSが大きいほど好都合である（TSはひき算になっているから）。ところがSにはTがかかっていることに注意していただきたい。

低温（Tが小）なら、Sが大きくなってもFの値にはそれほど響かない。したがってFを小さくするにはEを下げた方が効果的である（もちろん体系にエネルギーの出入りがあるとする）。このため低温では、多くの体系がEを下げて規則的になり、高温ではFを小さくするにはSを大きくするのがよく、このため不規則になる。

空気が地上につもることはないが、これとて非常に低温になれば確率の項（$-TS$）を小さくするよりも（いいかえるとSを大きくするよりも）、Eを減らすことの方に専念し、みんな地上におりてしまうだろう。実際に一気圧のもとでは空気はほぼ氷点下一九〇度ぐらいで液体になる。ただし、地表が氷点下一九〇度になったら空気がみんな液体になるというのではない。空気のうちのいくぶんかが液化すれば気圧は減る。気圧が減れば液化の温度（ふつうに言う沸騰点）は下がる。だからもっと液化を進めるためには、さらに温度を下げなければならない。

しかし、気体であれ、液体であれ、あるいはまた固体であっても、自由エネルギーを最も小さくしたがっているという傾向には変わりがない（気体の場合には、正確にいうと圧力がからんできて$F+pV$を最小にしようとしているが……）。Tが小さければ酸素でも窒素でも水素でもかたまって（空間的な配置……という意味でのバラバラさを犠牲にして……かたまるとは規則正しくなることである）液体に、さらには固体になる。

同じように考えれば鉄でも金でも非常に高温にすると液化し遂には気体になる。金属ではEはマイナスで絶対値の大きな値であるが、それでもTが大きければ、Eを無視してSが大きくなろうとする（その方が効果的だから）。最も融点の高いものの一つといわれるタングステンでさえ三千数百度で液化し、五千数百度で気体になる。

二つの現象を類似的に考えること

気体分子の問題②と金属中のスピン①は統計力学的に同じように考えられることは既にみた。

①磁界の中の常磁性スピンはある程度向きが揃っている。
②重力中の気体分子は、下に厚く上に薄くというように、ある程度かたよっている。
①磁界を消せば、スピンはバラバラになる。
②かりに重力がなくなれば、気体分子は上空までまったく一様になってしまう。
これらのことは、すぐのちに述べる「低温を得る方法」に利用される。
①スピン間に相互作用のあるときは常にスピンは揃っている。これを強磁性という。
②原子間に相互作用があれば、原子（または分子）は液体、あるいは固体になる。
このことから、キュリー点は、沸騰点あるいは昇華点と類似的に考えていい。

なお、鉄、ニッケル、コバルトは必ず磁石になっている。ただ、磁石としての有効範囲が非常に小さく（たとえば〇・一ミリとか〇・〇一ミリとか）、隣の領域の磁化の方向と食い違って、磁石としての性質を相殺している。

ただし磁界をかけたときにはすべての領域の磁化の方向が、無理やりに揃えられてしまう。

すきま風の原理で

大気の温度よりも熱い物質は、ほうっておけばさめてくる。熱エネルギーが平均化したわけであり、エントロピーが増えたのである。

ところが物質の温度を大気よりも冷やそうとすると、そこに何がしかの努力が必要になってくる。努力は惜しまないから、なんとかしてうんと冷たいものをつくりたい……というときにはどうしたらいいか。

まえに述べたように気体分子を真空の箱の中に放せばすぐに広がるし、せい揃いしたスピンを自由にさせればたちまちにして向きは乱れる。これらは粒子間の相互作用がないと考えてはなしを進めたのであるが、実際には気体分子の間にも、常磁性のスピンどうしにも、わずかながらの力が働いている。気体分子が近くにあるとそこにはマイナスの位置エネルギーが存在し（分子が遠く離れると、位置エネルギーは零になる）、スピンが揃っていれば、たとえわずかでも、これまたそこにはマイナスのエネルギーがあることになる。

そのため圧縮した気体を急に広い空間に吹きだしてやると、分子どうしが離れて気体分子の位置エネルギーは大きくなる（マイナスであったものが零になるのだから）。この場合、まわりから熱が入ってこないように、隔離を充分にしておく（これを断熱操作という）。

位置エネルギーが増える方向に体系が移動するとは、考えてみれば珍しい現象だが、エントロピーが大きくなることの方が（つまり気体が容器いっぱいに広がることの方が）重大事なのである。

さてこの本のいちばん初めに述べたように、この場合にエネルギーの値は一定不変である。増えた位置エネルギーのぶんだけ、誰が損をしたのか？

すきま風は冷たい

運動エネルギーが減るのである。分子速度が小さくなるのである……ということは、気体の温度が下がることである。

圧縮した気体を広い空間に放ったとき、温度の下がる現象をジュール-トムソン効果という。これを利用して空気を液化し（絶対八〇度くらい）、液体空気で囲まれた容器の中で水素ガスに対してジュール-トムソン効果を適用して、液体水素をつくり（絶対二〇度くらい）、さらにこれを用いてヘリウムを液化することができる（絶対四・二度）。

気体が、みずからのエントロピーを増やしたがっているという弱みにつけ込んで、巧みにこれを利用して温度を下げてしまったことになる。

しかし、ジュール-トムソン効果には限界があり、この方法で物質を絶対一度以下に冷やすことは、いささかおぼつかない。

絶対一度内外で物質がどのような性質を示すかは、物性物理学の研究や電子工学の開発にみのりの多い収穫をもたらしたが、最近の物理学の研究では……たとえば低温における磁気的性質、原子核のスピンのありさまの測定などに、もっともっと低い温度が要求されるようになってきた。

低温を得るのにジュール-トムソン効果がだめなら、他にどんな方法があるか？

分子運動と並行的に考えてきた、スピンによるエントロピーを利用してやればいい。

磁界を消して低温を得る

たとえば鉄アンモニウム明礬《みょうばん》などは、弱い相互作用をもつ小磁石の集まりである。これらを常磁性塩という。これに強い磁界をかけてやる。スピンは同じ方向にせい揃いする。スピンが並べば相互間にマイナスのエネルギーが存在する。

ここで断熱的に磁界を消す。いままで無理に整列させられていたスピンは強制力がなくなったため「組み合わせの数」の多い状態を実現しようとして、並び方がバラバラになっていく。何度も繰り返すようにこれが自然の傾向である。このとき位置エネルギーは増えてしまう。だから運動エネルギーが減り温度が下がる。このような方法を断熱消磁という。急に磁界を消すということは、気体分子をいちどに広い空間に放つことと統計力学的な原理は同じである。どちらも体系を解放して、エントロピーの増大を許すことになっている。

常磁性塩の断熱消磁を利用することにより、一〇〇〇分の一度（もちろん絶対温度で）ほどの低温が得られる。さらに原子核のもつ磁気モーメントを利用して断熱消磁を行うと、一〇万分の一度から一〇〇万分の一度ぐらいの極低温に到達することが可能になる。この程度が現在の技術で得られる最も低い温度である。

絶対の真空をつくるのが不可能なように絶対零度に到達することもまたできない相談である。

二のまえは一、一のまえはゼロというように簡単にはいかない。この意味で、温度という物理量は、長さとか、ものの個数などとは本質的に違っている。

熱力学には、第一、第二法則があるが

「絶対零度に到達することはできない」

を熱力学の第三法則とよぶこともある。

絶対零度とはすべてが静止した世界であり、そこではエントロピーも考えられない。だから第三法則は

「絶対零度ではエントロピーは零である」という表現法をしてもいい。

低温技術の発展

ニオブは九・二Kで、アルミニウムは一・二Kで、スズは三・七Kで超伝導状態になる。ヘリウムの液化はかなり大規模に行われるようになり、液体ヘリウムを利用して物質の温度を絶対四度内外に保つのはさして困難ではなくなってきた。金属を超伝導状態にすることにより、どのような利益が得られるか?

非常に強力な電磁石を、それほど大がかりな材料を使うことなく、つくることができるのである。鉄を使うふつうの磁石だと、二万〜三万ガウスで飽和してしまう。ところが超伝導磁石を使

う と一〇万ガウスほどの磁界を得ることはさほど困難ではない。巻線の抵抗はゼロであり、電気的ロスはまったくない。このことを利用してMHD発電（強い磁界の中にプラズマを走らせて電気を起こす仕掛け）の磁石に利用する。プラズマは非常な高温であり、磁石の方は低温だから技術的にいろいろと困難があるが、わが国の研究は多くの先進国から、高く評価されている。

また転移点の違う二種類の金属で二重コイルをつくれば、一次コイルに流れる電流が、二次コイルの金属を超伝導状態にしたり、ふつうの（抵抗のある）状態にしたりすることができる。この原理を利用したスイッチ素子をクライオトロンといい情報処理に使う。電力消費が少なく、しかも非常に小型でいい。

さらに強力な磁界が発生することから精巧な電子顕微鏡をつくることも考えられる。理論的には一〇〇万から二〇〇万ボルトの加速電圧で、一オングストローム（原子ぐらいの大きさ）は充分見られるはずである。ただ磁界の対称性その他にかなりの困難があるらしい。

通信器械というものは、送られてくる信号を間違いなく受けとり再現することが最も重要な仕事である。その障害となるものは雑音だが、低温にすればするほど熱による雑音（正しい信号を乱すもの）は小さくなる。宇宙通信の受信器の増幅装置などに利用され、液体ヘリウムを満たした魔法ビンに入れられたものをパラメトリック増幅器とよんでいる。

電気抵抗がなければ送電の途中でジュール熱は発生しない。そのため送電線をヘリウムをつめた魔法ビンに入れ、地中に埋めることが考えられている。費用倒れになりそうに思えるが、イギリスやアメリカでの試算によると必ずしもそうでもないらしい。

マイナスの絶対温度

エネルギーの低い準位にたくさんの粒子があり、高い準位には少ししかないような体系は温度が低い。熱を注ぎ込めば粒子は上の準位にどんどん昇っていき、温度は上がる。そうして下の準位も上の準位も（もし準位がたくさんあればどの準位も）粒子の数が同じになったとき、温度は無限大である。もし準位が限りなく上の方まであれば、こんな状態はつくりだすことができない（この状態にするには、無限にたくさんの熱量を注ぎ込まなければならないから）。

ところが準位の数が有限で（たとえば簡単なスピン系のように二つしかないとして）、下の準位より上の準位の方にたくさんの粒子があったらどうなるか？　その状態は絶対温度がマイナスだといわざるをえない。

ボルツマン因子を思い出せば、エネルギーがEだけ高い準位にある粒子数は、低い準位にあるものの$e^{-E/kT}$倍である。Eもkもプラスである。したがって今の場合、この因子が一より大きくなるためには、いやでもおうでもTがマイナスでなければならない。

量子統計の場合には因子のかたちが少し違ってくるが、それでもTはやはりマイナスでなけ

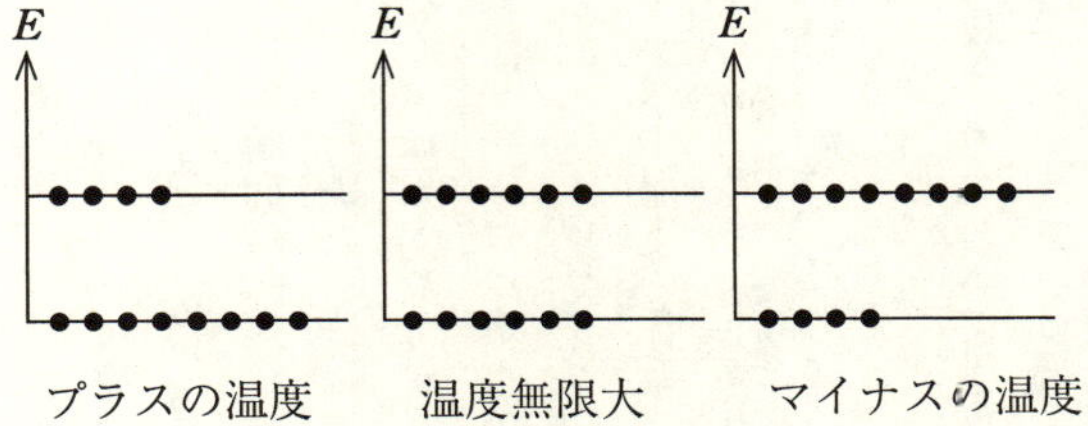

図27　各エネルギー準位にある粒子の分布状態で温度を定義すると，無限大やマイナスの温度が存在する

ればならないのである。

いったい、マイナスの温度とはどんなものか。熱いのか、冷たいのか？

分子や原子の運動エネルギーで温度を定義する限りにおいては、マイナスの温度などというものはなかった。ところが温度の概念を拡張してやると、このような特殊なケースがでてきてしまうのである。

この体系が熱いかどうかを論じることは意味がない。熱いという感覚は粒子の運動エネルギーからくるものであり、運動エネルギーを問題にする図式では、準位は無限に高いところまであるはずだからである（分子はいくらでも速く走ることができる）。走る粒子でなく、磁界の中にあるスピンという特殊な機構だけをきりはなして問題にするとき、皮膚への感覚とは別に、マイナスの温度が定義される。マイナスの温度とは、無限大の温度をもっとはげしく（？）したもののことである。

それではどのようにしてマイナスの温度の体系をつくりだすことができるか。ただふつうに熱を加えるだけでは、上の準位の粒子の方が多くなることはない。

図27から見当がつくように、スピンの体系に磁界をかけておき（このときは下の準位の方が粒子が多い）、突然磁界の向きを逆にするのである。磁気エネルギーμHは$-\mu H$に、$-\mu H$はμHに変わる。この瞬間、体系はマイナスの温度になる。

実際に、特殊な物質に振動磁界をかけてやると、その物質だけは「負の温度」という特殊な状態になる。振動する電界と磁界とは同時に発生するものであり、これを電磁波という。いわゆる電波も、マイクロウェーブも、熱線も光線もX線もみな電磁波であるが、負の温度の製造には強い電磁波（マイクロウェーブや光線）が用いられる。

マイナスの温度の体系ではエネルギーが不必要に高いわけであり、不必要な部分をどんどん放出してくる。レーザー光などとよばれる位相の揃った（つまり全部の波の強弱がピタリと重なり合う）特殊光線は、このようにして放出されたエネルギーである。

貧乏人のうれしさの程度

この本ではエントロピーをボルツマンの原理で定義したが、実際にはミクロな物理学のまだ発達しない以前、つまり古典的な熱力学で、すでにそれは定義されているのである。

であり、教科書などをたどっていっても、エントロピーは、まずこのような式で顔をだすはずである。

$$(\text{エントロピー}) = \frac{(\text{体系がもらった熱量})}{(\text{体系の絶対温度})}$$

体系が外部から熱をもらえば、仕事などのかたちでそれを外へ吐きださない限り、自分自身のエネルギーは高まる。このことはよくわかる。

ところがもらった熱を温度で割る……などということになるから、何のことやらわからなくなってしまう。だからエントロピーはむずかしい……と学生諸君は考える。そこで次のように考えたらどうだろう。

もらった熱量というのは、他人から金を頂戴することと考える。一定の熱量を注入されることは、たとえば一万円もらうことである。もらう本人が貧乏人であれ金持ちであれ、一万円だけエネルギーが上がる。

エントロピーとは、そのときの嬉しさの程度と考える。金持ちは（絶対温度の高い体系では）一万円もらってもさほどに感じないが、貧乏人は（温度の低い物質は）、一万円もらえば大喜びである。喜びの度合いは、金額は同じでも、手持ちの金の少ない人間ほど大きい。

さて金をもらったらどうなるか？　金持ちは一万円増えたところで、自分の生活にさしたる変化はない。ところが金を持ちつけないものが一万円もふところにすれば、早速にキャバレーに行ってどんちゃか騒ぎをする（……としいて考えていただこう）。その結果、それまでまともな生活をしていた貧乏人の暮らしのペースは、たちまちにして混乱する。

熱力学で定義されるエントロピーも、ボルツマンの原理から規定されるものも、まったく同じ物理量であることは証明されている。ここではマクロな定義（貧乏人が金をもらうこと）とミクロな決め方（状態が不規則になること）を理解していただくために、妙な例をもちだしたわけである。

再びマイナスの温度の説明

熱力学的に定義されたエントロピーを使って、マイナスの温度を説明することもできる。さきの定義式を書きかえれば

$$（絶対温度）=\frac{（体系が吸収する熱量）}{（エントロピーの増加）}$$

である。これまで温度というものをさまざまなかたちで定義したが、ここでも温度の新しい決め方が見つかったことになる。さて、上の準位にある粒子の数が多いと、粒子はボトボト下の準位に落ち、やがて上と下とで同じになる（同じになった瞬間の温度が無限大）。落ちる過程では粒子を上と下とに分ける方法の数、つまりエントロピーは増えていく（上と下とで粒子数が同じのと

悪魔がいたらゴムは伸びっぱなし

き、エントロピーは最大）。ボトボト落ちる過程で、体系はエネルギーを放出する。

ふつうの体系ではエネルギー（熱）を注入してエントロピーを増やすのであるが、この体系にかぎり逆であり、熱を吐きだしながらエントロピーが増している。絶対温度を表す式の分母はプラスだが分子（分数式の）はマイナスになり、このため温度もマイナスと考えざるをえない。

ミクロにみたゴムの縮み

エントロピーを具体的に理解するには、ゴム弾性のはなしは好例の一つである。伸びたものは縮むのがあたりまえではないか……でははなしにならない。ミクロ的に考えたらゴムの縮みはどう説明されるか。エントロピー増大の原理に従って縮むのである。だからもし、マックスウェルの悪魔が住んでいたら、ゴムは伸びっぱなしになる。彼らには鉄を延ばす力はないが、ゴムを細長くする能力はそなわっているのである。

伸びたゴムはマクロな力学では位置エネルギーをもっている。ふつうの状態に対して、一センチ、二センチ、三センチ……と伸ばしていくと、たまるエネルギーは、一、四、九……（単位はゴムの大きさや質により決まる）というふうに伸びの二乗に比例して大きくなっていく。これが古典物理学である。

ゴムが伸びるということを、ミクロの立場からみたらどうなるか？　ゴムはイソプレン CH_2=

$C(CH_3)-CH=CH_2$の重合によってできる細長いゴム炭化水素（$(C_5H_8)n$）からできている。そうしてゴムを伸ばしたときには、長い分子の多くは引っぱっている方向に伸びて揃う。

金属を無理に延ばすということは、延びの方向に原子と原子との間隔をいくらかでも増やすことである。原子は最も安定な状態に並んでいるが、無理に間隔を広げれば位置エネルギーが増大する。延びた金属というのはミクロの立場からみても、位置エネルギーは大きくなっている。ところが伸びたゴムでは、べつに原子間隔が増えているわけではない。いままでまるまっていた長い分子が真っ直ぐになっただけである。だから手を放せば分子は再びまるくなる。ゴムは縮む。

延びた金属が縮むのは、位置エネルギーを減らそうとしているからである。しかしゴムの場合は違う。ミクロな意味で、縮んだゴムは伸びたゴムより位置エネルギーが低いわけではない。逆にゴムを伸ばしても、原子あるいは分子相互間の位置エネルギーは増えない。それではなぜゴムは、伸ばすときに仕事が必要で、手を放せばぴょんと縮むか？

たとえば細長い分子を、長さ一〇センチの糸で代用してみよう。糸を座敷の中で放ってやり、両端が畳のへりの方向にそってどのくらい離れているかを測ってやる。両端をAとBとし、A点が右なら距離をプラス、B点が右のときにはマイナスと決めてやろう。何回も何回も実験してやり、横軸に距離を、縦軸に、AとBとがその距離になった回数を描くことにしてみる。実験を十分数

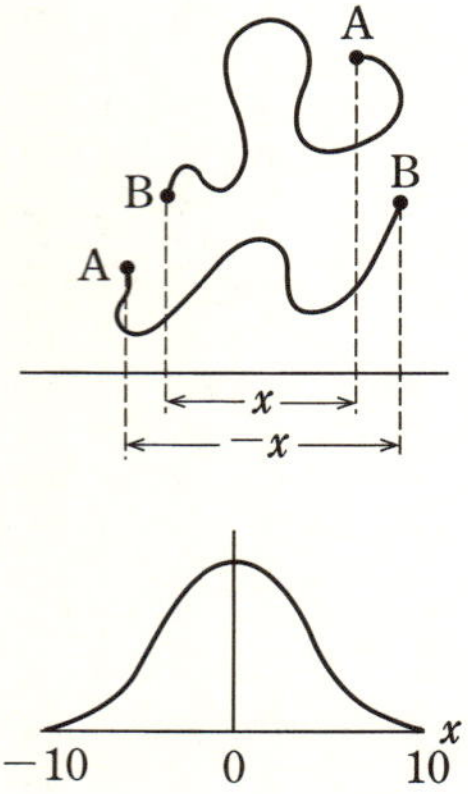

図28　糸の両端ABのへだたりの度合（分布）

多くやれば図28のような曲線が得られるはずである。

　AとBとの畳のへりの方向にそっての離れぐあいはゼロの場合が最も多く、プラス一〇センチとかマイナス一〇センチになることは極めてまれである。AとBとの距離が短いほど回数が多くて、特定の方向（畳のへりの方向）に対して両端が離れているものほど可能性が小さくなっていく。このような事柄は「組み合わせの数」を使って計算できて、得られる図28のような曲線をガウスの誤差曲線とよんでいる（正確には、誤差曲線とは左右無限に尾を引くものであるが……図では一〇センチで切れている）。

エントロピー弾性

　ゴム炭化水素分子は、真っ直ぐになるよりも曲がる方が遥かに大きな可能性をもっている。分子がみんな揃って特定の方向（ゴムを伸ばした方向）に真っ直ぐになるのはエントロピーの小さい状態である。だから手を放せばエントロピーは増加してゴムは縮む。ゴムの縮むのは、気体分子が容器の中に一様に広がろうとする傾向とまったく同じである。そうなった方が位置エネルギーが低くなるわけではない。エントロピーが大きくなるのである。これに対してゴムの場合は延ばした金属が縮もうとする性質を、「エネルギー弾性」という。
「エントロピー弾性」とよばれる。

実際には、ゴムが伸びると、分子間の位置エネルギーは多少減る。なぜ減るかは、分子の機構が複雑だから理論的に説明するのは厄介な問題だが、ゴムを急激に（つまり断熱的に）伸ばせば多少温度が上がり、縮めると冷える。位置エネルギーが減るからその代償として（エネルギー保存則から）運動エネルギーが増す（温度が上がる）ことから実証されている。

さきに自由エネルギーの式を書いたが、あの式で$-TS$を移項してみると

$$E = F + TS$$

となる。E（全体のエネルギー）はF（自由エネルギー、ものを動かすことができるようないいエネルギーである）とTS（これを束縛エネルギーということがある。あるいはエントロピー的なエネルギーともいう。とにかく役に立たないエネルギーである）との和になる。

Fは仕事に変わることができる価値あるエネルギーである。位置エネルギーや運動エネルギーはFのかたちでエネルギーを秘めていることになる。反対にTSは仕事をしない無価値なエネルギーである。それはマクロ的には熱エネルギーであり、ミクロ的にはでたらめさ加減のはげしい

ことを示している。人間の体内でもデンプン、たんぱく質など価値の高いかたちで摂取されたものも、やがて熱に変化する。人間の創造力なども、食物にふくまれているFが関与しているのかも知れない。人間に熱を与えただけでは、決していい知恵はでないだろう。それどころか——貰うエネルギーの量は同じとしても——食物でなく熱だけなら、その生存さえおぼつかない。とにかくエネルギーEには、よい部分と無価値の部分TSとがあることを忘れてはならない。そうして、Eは一定でも、Fはだんだん減っていき、TSは逆に増えていく。

I章では、一つの体系が、他の部分と隔絶しているとき、その体系のエネルギーは変わらないことを述べた。すぐまえに書いた式でEが一定、つまりFとTSとの和が変わらないということを解説してきたのであり、これが熱力学の第一法則である。

II章では力学的なエネルギー（式でいうと右辺のF）は減っていき、そのかわりに熱的エネルギー（右辺のTS）が増加するのを——つまり熱力学の第二法則をさまざまな角度から説明してきたのである。これらのことをズバリ式にしたのが、$F=E-TS$である。Eは変わらないがFはどんどん小さくなり、遂には極小状態になってしまう。

宇宙がもしも有限な物理体系ならば（このことはまだ謎であるが……）、宇宙の全エネルギー（E）は変わらないが、役に立つエネルギー（F）は次第次第に小さくなっていき、遂には熱的終末が……という結論も、単なるおどかしではないのである。

Ⅶ　救世主としての悪魔

バスを止めるはなし

筆者の自宅はJR横浜駅からワンマンバスに乗り、二〇分たらずの場所にある。そのバス停付近には新しく開発された住宅地や団地が多く、このバス路線を利用する人の大半が同じ停留所で降りる。

ワンマンバスの内部にはたくさんのブザーがついていて、次の停留所で降りたい人はそれを押して運転手につげる。

筆者はほとんど毎日のようにこのバスを利用するが、まだブザーを押したことがない。同じ停留所で、必ず降りる人があり、そのうちの誰かが必ずブザーを押してくれる……と信じているからである。

今日まで、バスから降りそこなったことは一度もないが、考えてみればいささか横着のような気もする。ずるいとか不精だとかはともかくとして、乗客が二〇人、三〇人と多いときには、住宅の多い停留所で自分以外に少なくとも一人は降りる人があると判断することは、まずは間違っていない。そうして一人ぐらいは積極的にブザーを押すひとがあると考えることも、あながちひとりよがりとはいえまい。

ところが乗客が、かりに五人ぐらいだったらどうだろう。五人のうちの大半といえば三人ぐらいだから、自分以外にもう二人降りることになる。だからバスが止まるまで居眠りをしていても大丈夫……などと安心していることはできない。またたとえ、三人が降りることになっているとしても、三人ともに筆者と同じような不精者かもしれない。へたをすると、誰かが押してくれるだろう……とみんなが安心しているうちに、バスは停留所をノンストップで行き過ぎてしまうかもしれない。

要するに、個体の数が少なくなってきたら、大多数の場合の法則は必ずしも当てはまらないということである。そうしてわれわれがこれまでに調べてきたのは、個体の数が非常に多い場合にかぎられていた。

銃殺をまぬがれたはなし

なにかの書物で読んだように記憶しているが、こんなはなしがある。

いままさに、軍法会議の決定により、死刑が執行されようとしている。銃殺刑であり、目かくしをされた死刑囚は柱にしばられ、五人の戎兵《じゅうへい》が「構《かま》え銃《つつ》」の姿勢で待機している。

指揮官の「打て！」の号令で五発の小銃弾がとびだす。ところが死刑囚は倒れない。ひとしずくの血さえ流れていない。一発の弾も当たらなかったのである。

指揮官はあわてたそぶりもなく、すぐに

「第二発、弾をこめ用意！」の号令を下す。ガチャンガチャンと撃鉄《げきてつ》をならす音がして、五つの銃口は再び構えられる。

「打て！」とともに再び銃声が響くが、死刑囚は平然としている。

「第三発、弾をこめ用意！」

指揮官は落ち着きはらって三度目の号令をくだす。三たび弾丸は発射される。それでも死刑囚は一滴の血も流さない。

「打ち方やめ。たてえ銃《つつ》！」で戎兵たちは銃を収め、指揮官に引率されてさっさと帰ってしまう。この国（どこの国のはなしか忘れてしまったが）では、三回死刑が試みられて、それでも果たさなかったら、執行はそれでとりやめになる規則になっている。死刑囚は、誰もいなくなった広場に呆然と立ちすくんでいる……。

死刑囚と指揮官あるいは戎兵との間にはなしがつけてあった……というのではない。死刑は執行されるはずであった。さらに戎兵たちは五人とも射撃の名手である。

いかに軍法会議の定めるところとはいえ、自分の撃った弾でひとを殺すのはいやである。まあ、自分のほかに四人もいるのだから、誰かが始末してくれるだろう……と五人とも考えたのである。そうして全員が、わざと的《まと》をはずしてしまった。二回目も三回目も、みんなが同じような心理状態にあった。

ゴーゴーだってむなしくはないか……

銃殺刑のはなしはいかにもでき過ぎている。一回目に失敗したら指揮官はあわてるだろう。戎兵たちも自分のサボタージュが露見したから、おそらく二回目には命中させるだろう。だいたい的をはずすようなヒューマニストなら、はじめから死刑執行兵にはならないだろう。さらに「このとき指揮官少しも騒がず」の態度が、いかにもフィクションめいている。

はなしはあくまではなしにとどめて、かりに射撃のうまい五人の兵を無理やり連れてきて一回だけ同様のことを行わせたら、あるいは一発も当たらない……というようなことがあるかもしれない。人数が少なければ少ないほど、この可能性は多い。

逆にいえば、人数が多ければ多いほど、とんでもない事柄が起こる可能性が少なくなる。ある国が水爆弾頭を装備したミサイルを準備していたとする。ボタンを押しさえすればミサイルは仮想敵国の首都めがけて発進する。このボタンをあずかる人間は……必ず複数のはずである。

A大佐がいかに思想穏健、常識豊かな人格者でも、そこは人間である。どんなひょうしに被害妄想におちいるかもしれないし、厭世的な思想にとりつかれないと断言することもできない。万が一A大佐がやけっぱちを起こしてボタンを押しても、B中佐、C少佐……も同時に押さないかぎり、ミサイルは発射しない。管理者の数を多くすればするほど安全である。

筆者はときどき、こんなことを考えてみることがある。

現在の日本の社会は、資本主義体制のもとに運営されている。この制度の運営に関して重要な役割をしている人たち……大臣、資本家、外交官、会社経営者、あるいは警察官、自衛官の首脳部……これらもしょせんは人の子である。一人きりになったとき、ふと、現在の体制以外の別の方式で社会が運営されたとしても――社会主義か、共産主義か、あるいはもっと別の方法かで――それはそれでいいのではないか……と考えるかもしれない。これらの人たちとて、若い時代にはさまざまの政治制度や社会体制を比較し、検討し、批判してきたことだろう。現在のやり方が必ずしも最善と信じているわけでもあるまい。

独り寝の床で、こんなことを考えたとしても、明日の閣議で

「現在の制度をやめて、社会主義体制にしよう」

とか、重役会議で、

「資本主義には疑問点が多いから、経営陣は即刻解散して、あとは共産主義方法でやってもらおうじゃあないか」

などと言いだす気遣いは絶対にない。そんな発言をすれば、奇人扱いされるだけである。

なぜ発言しないか。どうして奇人扱いをされるのか。他の人たちが自分と同時に同じ考えをし

ないからである。それでは他の人たちは絶対に考え方を変えないか？

そうでもあるまい。他の人もやはり人間である。一年か、三年かのうちに一度くらいは、社長の発言内容と同じことを考えるかもしれない。

かりに日本中の人間全部が、なにかのひょうしで、現在の体制を変えてみようと考えたとしたら、……社長夫人も大きな家に住んでダイヤの指環をはめているのが必ずしも幸福ではあるまいと思い、その息子もスポーツカーを乗りまわしてカッコよくゴーゴーを踊るのも、よく考えてみればむなしいことなんだと覚ったら、しかも日本ばかりでなく外国人もいっせいにそう考えたら、あるいは世の中のしくみは突然変わるかもしれない。

しかし実際にそんなことは起こらない。なぜか？　みんなの考えが同時に同じ方向を向くということは、極めてエントロピーの小さな状態だからである。

悪魔のささやき

為政者が現体制を根本的に批判するなど、甘い考えもいい加減にしろといわれるかもしれない。それはまあそうかもしれないが、社会体制、政治方式ばかりでなく、もっと小さなしきたりにいたるまで、それがなかなかに揺るがないのは、エントロピーが大きいせいである……ということは本当であろう。確率の大きい状態から、小さな状態に移行することは、よほどの特殊な作用でも施してやらないかぎり、不可能であることはこれまでに計算してきた。もしこれを可能にするものがあれば、それはマックスウェルの悪魔である。

悪魔がミサイルを管理するA大佐の耳もとでささやく。

「ボタンはB中佐のもとにも、C少佐の机の上にもあるんですよ。彼らがいかに任務に忠実であるかは、貴方もよく知っているんじゃありませんか。まあ彼らを信頼して、一寸ボタンの押し心地を試してごらんなさいよ。どんな手ごたえがするか、まんざら悪いものでもなさそうですよ……」

A大佐は催眠術にでもかけられたようにボタンを押してしまう。

別の悪魔はB中佐に、さらにもう一人の悪魔はC少佐にも同じようにささやきかける。こうしてミサイルは発射される。

これでは本当に悪魔である。しかしマックスウェルの悪魔は、なにも世の滅亡をねらっているわけではない。それどころか、実は、救世主としての可能性を秘めているのである。

悪魔のはなしはあとまわしにして、バスのはなしで考えてきたように、個体の数が少ないとどんなことになるかを、物理的な立場でみていくことにしよう。個体の数が数十個、あるいはたかだか数百個ぐらいだったら、自然現象はどうなるだろうか。

ブラウン運動

圧力とは分子が壁にひっきりなしに衝突する結果生じる現象である。静かにぶつかるものも、激しく衝突するものもあるが、その平均を圧力と考えている。

考えているだけでは不明瞭だ、その証拠があるかといわれるかもしれない。証拠はある。

乗客の多いときには、バスは団地のある停留所で必ず止まると考えてよかった。しかし人数の少ないときにはこのかぎりではない。

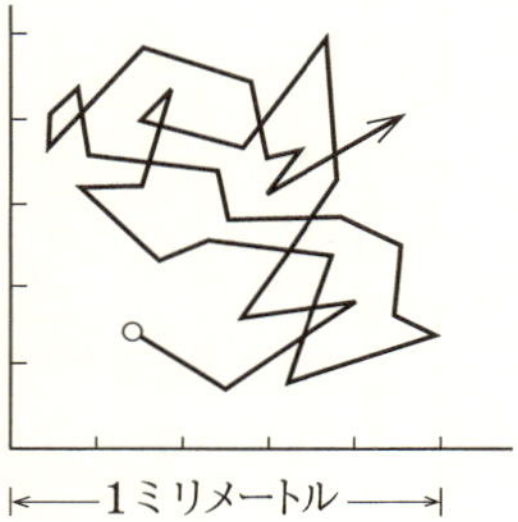

図29　ブラウン運動

これと同じように、気体あるいは液体は分子からできており、その速度もまちまちである……ということを間接的ではあるが眼で見る方法がある。

イギリスの植物学者ブラウン（一七七三―一八五八年）は、一八二七年に、水面に落ちた花粉の微粒子が止むことのないジグザグ運動をしているのを発見した。水面はおだやかであり、波や水流があるわけではない。にもかかわらず顕微鏡で見た花粉の微粒子はよく動く。一世紀半以上も昔のことであり、なかば間接的な方法ではあるが、分子の存在を実際に目で確かめたという意味で、特筆すべき発見である。

このくらい小さなもの（ブラウン運動をする花粉）になると、ある瞬間にまわりからぶつかってくる水の分子の数はぐっと少なくなる。いきおいのいい分子はたまにしか（といっても、一秒間に数回の割合であるが……）衝突しない。それにつられて、花粉の微粒子はジグザグに運動する。これをブラウン運動といい、分子の存在を裏がきする実験として有名である。

のちにブラウン運動の実験は改良され、一九〇七年にペランは、半径一万分の数ミリ程度（光の波長くらい）の乳香《にゅうこう》をいろいろな液面に浮かべてその動きを観測し、一九一四年にはフレッチャーが空気中に浮游している油滴の運動から分子の大きさを推定している。さらに一九一五年にウェストグレンが、非常に小さな貴金属のコロイドを液面に浮かべてその動きを調べ、これらの実験の積み重ねから、分子の存在や、さらに一立方センチ中の分子の数などが明らかになってきたのである。

ゆらぐ因果律

ブラウン運動のように、小さな部分に目を向ければ、熱学的な量は必ずしも常に平均的な値を維持しているとはいえない。量は平均値のまわりでしきりに変化している。このような現象を「ゆらぎ」という。

たとえば気体の体積は圧力一定なら絶対温度に比例する。温度も決めておけば、体積は分子の

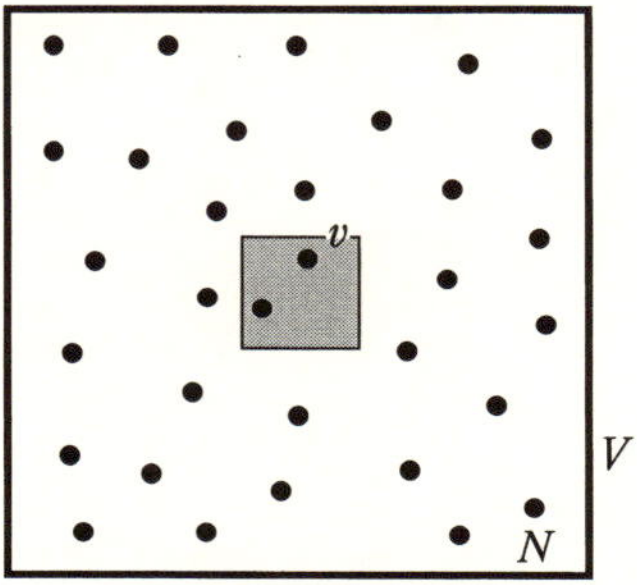

図30　気体分子のゆらぎ。小体積の中の個数は常に$N \times v/V$とはかぎらない

個数に比例する。一気圧、セッ氏零度なら6×10^{23}個の占める体積は二二・四リットル、3×10^{23}個なら一一・二リットル、6×10^{22}個なら二・二四リットルである。それなら比例的に考えて、一〇個の分子の体積は3.7×10^{-19} cm^{3}といってもいいだろうか。

逆に表現すれば3.7×10^{-19} cm^{3}の微小体積の中には、気体分子は一〇個ある……と断言してしまっていいだろうか。

気体の中に、かりに3.7×10^{-19} cm^{3}の微小体積の部分を考えて、この中に入っている分子数をかぞえていたら、9、11、10、13、7、8、10、12、9……などというようにバラついて観測されるだろう。

圧力と温度を決めておけば、体積は質量に比例して変化するという因果関係は、マクロな意味では成立するが、ミクロな立場からはもはや正確でない。

原因は確実に結果を招来させる……ということはミクロな世界ではなりたたない。

マックスウェル分布

容器の中の気体分子の例に戻ろう。

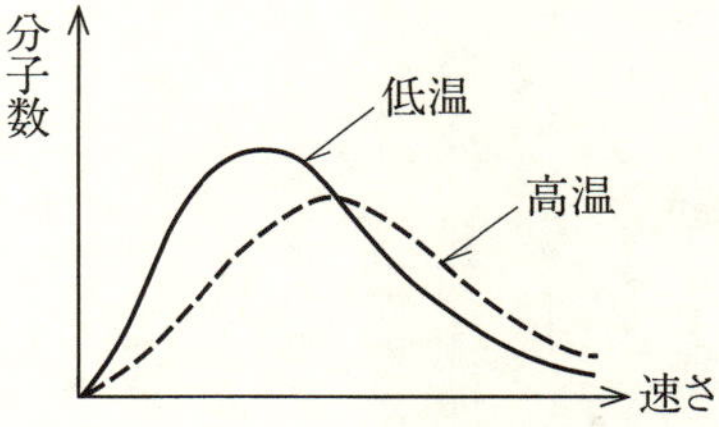

図31　それぞれの速さをもつ気体分子の数（マックスウェル分布）

温度は分子の運動エネルギーの平均値に比例することは述べた。温度を知るには平均値さえわかればいいわけであるが、いろいろな事情から、分子の速さをもっと詳しく知ることが望ましい。

たとえば学校でAクラスの平均点は五〇点、Bクラスも五〇点であるとしても、これだけで両クラスが学力的な意味で同じ性格だとはいえまい。極端な場合にはAクラスは全員が五〇点、Bクラスは半分の生徒が一〇〇点、あとの半分が零点かもしれない。これでは当然、両クラスに対する授業方法も変えなければならない。

酸素分子と水素分子とは衝突して水蒸気分子になる。これが、いわゆる化合である。しかし無条件に化合するわけではない。衝突の速度が小さいとはね返ってしまう。

一定速度よりも速い分子だけがくっついて水蒸気になる……というようなことになれば、平均値だけを調べているわけにはいかない。速いもの、中くらいのもの、遅いものなど、それらの分布を検討してやらなければならない。

特定の方向の速度だけを調べてみると、速度に対する分子の分布はゴム弾性のところで述べたようにガウス型曲線になる。ところが速さだけを問題にすると、どちらの方向に走っていてもかまわないから、図31のように描かれる。非常に遅いものや、極端に速いものは少なくて、ある程度の速さのものが最も多い。温度が上がると分子は総じて速くなる。この曲線をマックスウェル分布という。気体分子の数が一定であり、温度を決めると、ある速さの分子の数はどのくらいかを表すこの曲線が自然に決まってくる。つまりこのような分布のとき、自由エネルギーは最も小さくなるのである。

だから、たとえ一番初めに気体分子を全部同じ速さに揃えたとしても、あるいは速いものと遅いものの二組だけにしてみても、やがては分子は器壁に衝突したり、互いにぶつかったりして、このような分布になってしまう。

悪魔が永久機関を動かす

五〇度の気体を（液体でもいい）、一〇〇度と零度とに分離できれば熱機関を動かすことができ

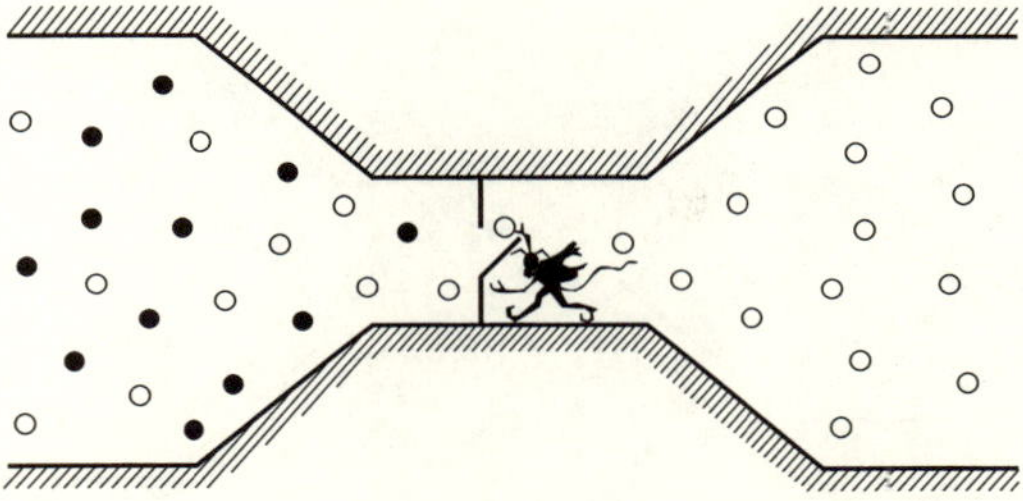

図32　マックスウェルの悪魔

ることはまえに述べた。そこでマックスウェルは気体分子の速度分布の図（図31）を見ながらこう考えた。たとえば五〇度の気体といっても、実は速い分子も遅い分子もまじっている。もしこの速度分布の図の真ん中に縦の線を引いて、速い分子は右の箱に、遅い分子は左の箱にというように分けることができれば具合がいい。

人間はここで仕事をしようというのではない（いいかえれば、気体にエネルギーを与えるというわけではない）。ただ分けさえすればいいのである。

そこで彼は、プロローグで述べたような超人的な悪魔（demon）を想像した。

悪魔ではいかにもインチキくさいというなら、図33のようなからくりを考えたらどうだろう。この弁は一方通行であり、分子は左から右にだけ進むことができる。ただし遅い分子は弁に与える衝撃が小さいから、

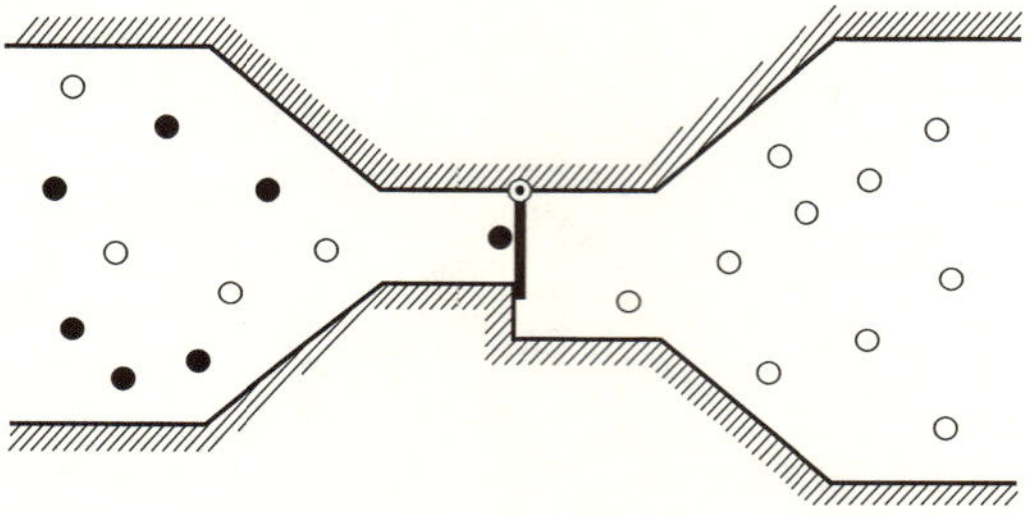

図33　マックスウェルの悪魔を装置化したもの

弁を開くことはできない。速い分子だけが弁を押しのけて右側に流れていく。だから結局は右側が熱く、左側は冷たくなる。性能はあまり上等ではないかもしれないが、とにかく第二種永久機関は可能になる……。

はたして悪魔は否定されるか？

マックスウェルの魔物を見た人はいないし、こんな好都合な弁は存在しない。もしこれが本当だったら大変である。産業には大革命が起こるし、物理法則も根本から改めなければならない。プロローグで述べたように、人間はみんな寝て暮らすようになるかもしれない。それでは一体、どこに矛盾があるのか？

悪魔の例はピンとこないから、弁の例で考えてみよう。この弁は分子一つを通すほどの大きさだから非常に非常に小さいものでなければならない。弁自体が数

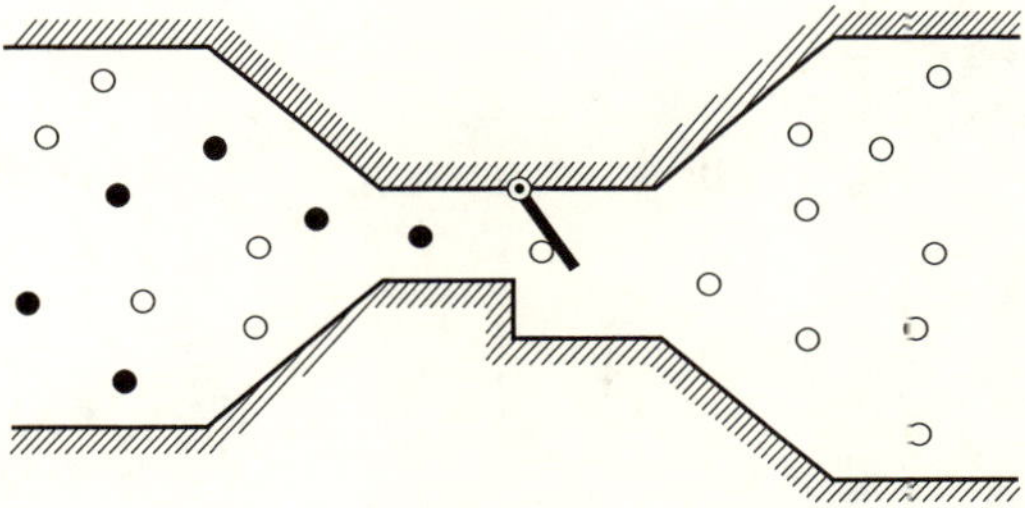

図34　前図で，速い分子が弁にあたって弁が開いたところ

個あるいはたかだか数十個の原子または分子からできているはずである。

この弁は通すべき気体と同じ温度である。とすると弁を構成している原子（または分子）も、気体分子と同じほど活発に運動している。弁は固体である。しかし固体を構成する原子だからといって、速い気体分子の衝突する場合以外はじっとしているというわけにはいかないのである。少ない原子（分子）のかたまりは、制御者の意に反してパタンパタンと勝手に動いてしまう。これが先に述べたゆらぎという現象であり、ブラウン運動の場合と同じ事情にある。

それでは弁を大きくしたら？　大きな固体は確かに動かない。動かないのは結構だが、速い分子が衝突しても開こうとしない。結局だめである。つまりミクロな装置を作ることができたとしても、これにマクロな力学を適用することができないということである。弁

指先が勝手な運動をする……

は自分自身の勝手な原子の運動のために、閉じたり開いたりして、速い気体分子も遅いものもみさかいなく、通したり、さえぎったりしてしまう。

分子を見分けられるほどの悪魔がかりにあったとしたら、これも一〇個内外の分子からできているに違いない。たとえ悪魔自身が大きいとしても、窓の開閉をする指先には数個の分子があるだけである。こればかりの分子数で細胞がつくられるかなどという問題は別にしても、数個の分子からできている体系は分子のでたらめな運動（ゆらぎ）に支配され、てんで勝手な動きをしてしまう。脳の命令に従わずに、指先が無差別な運動をするのである。

マクロな物体が力学の法則に従ったり、われわれの意のままに動いたりする（手足は脳の命じた通りの運動をする）のは、分子の個数が非常に多いために個々の分子（固体では原子）の勝手な運動が相殺されているからである。このようなわけで、ふつうにはマックスウェルの悪魔は存在し得ないものと考えられている。

真空の温度は六〇〇〇度

温度とは、分子や原子の運動のことだとすると、真空には温度がないことになる。ところがガラスの容器の中を真空にし、陽のよく当たる場所にだしておく。中に温度計を入れる。真空の中だから目盛は絶対零度（そんな目盛まで刻まれている温度計はないが）になるのか？

そんなばかなことはない。それでは実際に温度はどうなるのか。温度を理屈だけから考えようというのではない。実際に温度計で調べるのである。はなしはいたって実証的である。かりに大気（ガラス容器の外側）の温度を二〇度とすると、温度計の目盛はやはり二〇度になるのか。必ずしもそうとは限らない。温度計を十分大きな真っ黒のものでつくると、いい天気の日なら二〇度よりももっと熱くなる。太陽湯わかし器で気温よりも高温のお湯が得られるのと同じ理屈である。

太陽湯わかし器のはなしがでたから、これについて一寸考えてみよう。気温が二〇度であるにもかかわらず、ひとりでに三〇度のお湯ができるのは不思議な気がする。何らの努力なくして温度差をつくるのだから、熱力学の第二法則に反しはしないか？

これは地表付近の温度が二〇度であるというところに問題がある。地表は太陽から熱や光のエネルギーをもらい、他方では熱エネルギーを宇宙空間に放出している。こうして平衡が保たれ、空気の温度は温帯では二〇度内外になることが多い。確かに空気分子は二〇度に相当するマックスウェル分布になっている。二〇度というのは、このように空気とか地面とかの温度のことである。

太陽からは放射エネルギーが走ってくる。量子論的ないい方をすれば光子がやってくる。だから真空でも光子が走っており、この光子の温度は正確に決められるのである。それでは太陽からの光子エネルギー、つまり真空（地表で真空をつくってもいいし、太陽と地球との中間地帯を考えてもいい）の温度は何ほどか？　太陽表面と同じ六〇〇〇度であるといってもかまわない。太陽から供給されるエネルギーの量は距離の二乗に反比例して小さくなる。しかしそのエネルギーの到達する場所は、たとえそれがどんなに遠くであっても、温度六〇〇〇度の体系の中にあることに変わりはない。

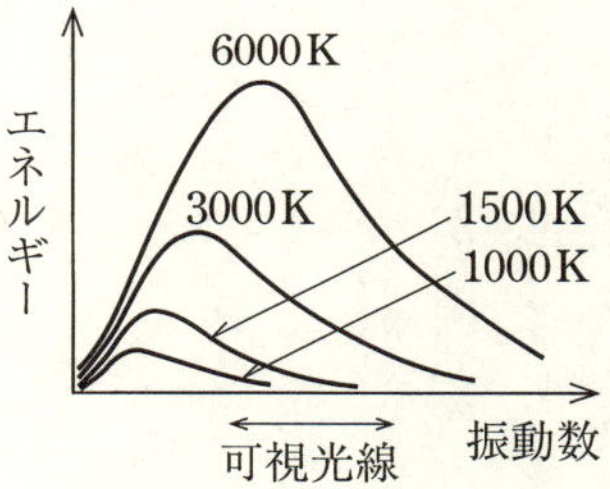

図35　黒体輻射の振動数とエネルギー

地面の温度も六〇〇〇度まで昇る

それでは太陽に照らされた地表の温度は六〇〇〇度であると言っていいのか？

われわれの皮膚に感覚する温度は、主として空気分子の温度であり、この意味では絶対三〇〇度ぐらいと答えるのが常識的である。しかし放射線によって決まる温度はあくまでも六〇〇〇度である。

放射線で決まる温度とはなにか？　熱い物体は放射エネルギー（昔は輻射といった）をだす。ただし、色つきのものは、特定の波長のものしか放出しないくせがあるから、黒い物体としよう。この黒体がある温度ではどのような波長のエネルギーをより多くだすか、ということは決まっている。光速度を波長で割ったものを振動数というが、波長のかわりに振動数を横軸にとり、ある温度ではどの振動数の光(目で見える光だけでなく、赤外線、熱線、紫外線などを総称して光ということにする)をたくさんだすかを描いたのが図35である。

発光体の温度が上がると、放射エネルギーの絶対額も大きくなるが、大きな振動数(短波長)の光をよりたくさん放出するようになる。光子はボース-アインシュタイン統計に従うが、温度を六〇〇〇度なら六〇〇〇度と決めてやったときのボース-アインシュタイン統計による最小自由エネルギーが、図35のような曲線になるのである。

地球にはあらゆる波長の光がやってくる(これらをまとめて眼で受けると、視神経はこれを白と感じる)。ところがどの色のエネルギーが多く、どの波長の光が少ないか……を量的に測定してグラフを描いてみると、まさしく六〇〇〇度に相当する曲線になる。もっとも大気の深い底である地表や、スモッグに覆われた都会では、紫外部の光などはかなりカットされているだろうが……。

宇宙空間が、したがって陽に当たっているわれわれの温度が六〇〇〇度であるというのは、このような意味である。だから地球上の熱をよく吸収する物体は六〇〇〇度まで温度上昇する可能性がある(実際にはそんな高温になるまえに熱はどんどん逃げてしまうが)。かりに六〇〇〇度以上になったとすると今度は逆に太陽に向かって熱放射をはじめる。だから六〇〇〇度が限度である。

太陽湯わかし器で三〇度、四〇度の湯ができても少しも不思議ではない。

反エントロピー

地球の上で太陽方向に垂直な面は、太陽から一平方センチあたり一分間にほぼ二カロリーの熱（および光）のエネルギーをもらっている。この値を太陽定数という。

いまかりにこの世に太陽はなく、太陽よりもっと温度の低い発光天体が地球の近くにあるものと考えてみる。天体の温度と距離がほどよい大きさなら、地球にやってくる放射エネルギーは太陽の場合と同じになる（ただし天体湯わかし器はあまり役にたたない）。このときにも、人間やその他の動植物は現在と変わらない生活ができるだろうか。

だめである。われわれの生活に必要なのはエネルギーの多寡だけでなく、そのエントロピーが小さいということも極めて大切な要因だからである。

エントロピーは小さいほどいい。いいかえればマイナスのエントロピーが大きいほどいい。符号を変えたものをふつうには負のエントロピー（entropy に対し、これを negentropy という）とよんでいるが、語呂《ごろ》がよくないから、これからは反エントロピーということにしよう。

さきに仮想したような、それほど熱くない天体からやってくる放射エネルギーの波長分布のかたちが、たとえば絶対三〇〇度ぐらいだったらどういうことになるか。確かに地球人のもらう熱エネルギーの量は同じである。しかし総量は同じでも、かたよりが小さいから、エントロピーは極めて大きい。いいかえると「質」の悪いエネルギーを受け取っていることになる。

さいわいに太陽からは六〇〇〇度という極めて反エントロピーの大きい（つまり「質」のいい）エネルギーがやってくる。これは地表の気温にくらべて桁違いに大きい。はげしい温度差——これは極めて反エントロピーの大きい状態である。われわれがもし太陽に感謝しなければならないとしたら、それが大きなエネルギーを供給しているということだけでなく、大きな反エントロピーも与えてくれているということも忘れてはならない。

平和鳥の謎とき

まえに述べた平和鳥の話をおもいだしてみよう。さきに仮想的に考えたように、地球が低温の天体から熱の供給を受けて、その気温が二〇度C、放射エネルギーの波長分布も二〇度Cのかたちだったらどうなるか。おそらく大気は飽和水蒸気で満ちているだろう（相対湿度が一〇〇パーセントということである）。このとき蒸発という現象は起こらない。平和鳥も動かない。

平和鳥が動くためには、大気中の水蒸気が飽和していてはならない。自然は平衡状態になりやすいということを考えてみれば、大気は可能な限りの水蒸気をかかえ込んでいるはずである。現実には、相対湿度は八〇パーセント、七〇パーセント、六〇、五〇……と小さくなっているのはなぜか。太陽熱のせいだといえばそれまでであるが、その放射エネルギーが六〇〇〇度というタイプであるからである。水を蒸発させているのは、エネルギーというよりも、むしろ反エントロピーである。気温は二〇度で平衡を保っているといっても、別のタイプ（放射線）としての高温がそこに存在するからである。だから平和鳥は第二種永久機関ではない。

反エントロピーの恩恵を別例で考えてみよう。太陽光線には多くの紫外線が含まれているが、先ほど述べた仮想天体ではいくら暑く感じてもこれがない。紫外線がないと植物は光合成（植物が光を受けて、自分の成長の素材となるような炭水化物をつくること）というものを起こさなくなり成長しない。日陰の草がひょろひょろしているのはこのためである。

このように天体に生物が生存するためには、エネルギーと反エントロピーが必要である。宇宙には莫大な数の輝く天体が存在し、これらをめぐる惑星の数も、さぞ多いことであろう。しかし生物繁殖の条件は、温度だけでなくエントロピーにも関係するのであるから、天体に生物が発生するという偶然事は、想像以上にまれなことである。

地球の表面は、エネルギー的にもエントロピー的にも、炭素を主体とする大きな分子（有機分子）が構成され、これが特殊な機能を発揮する条件にマッチしている。その結果、生物が——植物から動物、さらに人間が——発生し、ついにはこのような社会をつくり上げた。人間などというものができてしまい、その結果、自分というものがこの世に生まれてきたということは——いささかばち当たりないい方かもしれないが——幸であるか、不幸であるか、筆者にはよくわからない。が、とにかく非常に非常に偶然なできごとだと思わなければなるまい。

反エントロピーの創造者

彫刻家は石膏をきざみ続ける。単なる白色のブロックから、やがて首がつくられ、胸があらわれ、腹部ができて手足がつくられていく。彫刻家の額の汗にそむかず、美しい裸婦の像が完成する。芸術品である。多くのひとがこれを見て、すばらしいと感じる。芸術家の手腕が巧みであればあるほど、彼の霊感をそのまま反映した作品がうみだされる。

かりに石膏のブロックを野外に置き、風雨のなすがままにまかせたら、どうなるだろう。雨は表面をうがち、風はかけらを吹き飛ばす。自然の力にもてあそばれたブロックのいきつくところは、醜い残骸でしかない。

彫刻ばかりではない。絵画でも書でも同じことである。このほかにも、人間の手による完成品というものは多い。それらはいつも芸術的な立場からだけ眺められているわけではない。建築や土木工事における家屋、橋梁、堰堤などではその美しさも問題になろうが、一般には実用性が優先される。これらを計画し、設計し、建設するのは人間である。

人間自身のもつエネルギーは微々たるものである。したがって大きな工事には、削岩機、ダイナマイト、電気、石油などの力を借りなければならない。これらのエネルギー源を適当に選択し、使用順序をととのえ、利用方法を適切にして、巧みに処理していくのは……人間以外にない。

台風は猛威をふるう。これほど強力なエネルギーは、まだ人間によってつくられていない。しかし台風が山の樹を倒し、その皮を削り、石灰石の山を崩し、これに雨が降り注いでコンクリート状にし、柱、壁、屋根など人間の手による家屋とまったく同じものをつくりあげた……などというはなしは聞いたことがない。顔の前の空間の空気が突然になくなってしまうのと同じほど、台風が住居を建築するということはまれなできごとである。

こう考えると、風雨にさらされた石膏とか、自然界の岩石、地形……などは極めてエントロピーの大きな状態といえる。これに対し、彫刻、絵画、さまざまな建造物など人間の意志の働いたものは極端にエントロピーが小さい。

人間とは……ひと口に言って、反エントロピーの創造者である。この創造力はどこからくるのだろうか。

人間の頭脳は……有機分子の組み合わせである。頭の中に未知の原子が宿っているとは思えない。さらに人間といえども、エネルギー保存則からはまぬがれえない。食を断てばやせ衰えて、やがては死滅する。熱力学第一法則は、身体の中にも厳然として存在する。

第二法則についてはどうだろう。人間は、カロリーを摂取して、これを高熱源とする熱機関である……として機械論から説明されるだろうか。あるいは太陽から六〇〇〇度に相当する反エントロピーを享受している物体と考えることにより、解釈が可能になるだろうか。

つまりは、人間は自然界の他の物質としょせんは同じであり、分子、原子、あるいはイオンの働きが極度に複雑化しているだけである……と考えるか、あるいは、そのような機械的な構造以上になにものかが加わっている……と解釈するかの問題である。

筆者にはわからない。物理学の立場からいえば、人間とて結局は物質界の法則に支配されている……と考えたい。しかし、その情報量の豊かさ、それを子孫に伝えていく遺伝のからくりの緻密さ、さらに彼らのつくりだす反エントロピーの偉大なることを考えると、生命というものに対しては、いま少し別の説明が必要ではないか……というような気もする。

人間の中に、もし特別なものが巣食っているとしたら……それはマックスウェルの悪魔ではあるまいか。熱力学の第二法則とは、あくまで経験則である。自然界に眼を向けたとき、これに反する事実を知らないというだけである。人間の中には、その頭脳のうちには……。

メカニズムの立場からは否定されたが、マックスウェルの悪魔は人間の中に宿っていないとはいいきれない。人間自身がマックスウェルの悪魔だ……という表現法も、あながち奇抜とはいえない。

人間に巣くうのはマックスウェルの悪魔ではないか

この悪魔たちは森を開き山を崩し、工場をつくり都市を建設する。人間の去った跡は、雑草が繁り廃墟は荒れるにまかせている。ゴーストタウン……悪魔たちが離れていけば、あとはいたずらにエントロピーだけが増え続ける。

エンゲルスの反論？

プロローグで、宇宙の終焉について考えてみた。熱的終末を予言したボルツマンは自殺してしまった。現在でもすべての学者がこのことを信じているのか？

アインシュタインの一般相対論のすぐあとに、ウィルソン山天文台で研究を続けていたハッブルという天文学者により、宇宙が膨張していることが観測された。ということになると、一定の宇宙の中で、エントロピーは増え続ける……ということも検討し直さなければならない。

とはいうものの、宇宙についての知識ははなはだ乏しい。有限で閉じているものか、あるいはもっと別の構造なのか、決め手はない。

空間の果てもあいまいなら、時間の究極も漠然としている。しかし次のようなことは考えられる。

遠い将来に熱的終焉を予測するなら、逆にたどって宇宙の過去には始めがあったはずである。現在宇宙は膨張し続けているから、一番初めは小さな、非常に密度の高いガス体であったに違いない。このことは、科学を平易に説明することでよく知られたガモフなどの解説書に、詳しく書かれている。

ところが……である。宇宙は最初高密度のガス体であり、これが大爆発を起こした……ことはいいとしても、われわれは、その大爆発のまえはどうなっていたか、を知りたい。

「それからどうしたの」を繰り返す子供の質問とよく似ているが、最初巨大なエネルギーがあった……では承知しにくい。「最初といったって、もっと以前はどうだ」という問いに答えてくれないことには引き退《さが》れない。

残念ながら解説書は、それ以前のことには触れていない。宇宙の終焉を主張する人たちは困りはてて、ここで神様をもちだしたりした。事実宗教家の間には、神により宇宙は創造され、やがて熱的終末を迎える……と説いた人たちもいた。

もちろんこれに反対する物理学者、というよりも思想家が続出した。その旗頭が、弁証法的唯物論で名高いエンゲルスである。

かってのソ連系の学者の書物を見ると、ほとんどエンゲルスの思想をついでいるようだった。

この一派の人たちの主張に従えば、宇宙は始めもなく終わりも存在しない。確かにわれわれの眼の届く範囲においてはエントロピーは増大しているように思われる。しかし、いつか必ずや宇宙のどこかで、エントロピーが減少する事態が起こるに違いない。たとえば超新星の爆発などはその証左ではあるまいか……というのである。

この説の通りとすれば、宇宙の始めをしいて説明しなくてもいい。宇宙は永遠に膨張、収縮を繰り返している。宇宙のどこかにマックスウェルの悪魔が群をなして住んでいる。彼らこそこの世を、熱的死から守る救世主である。

はたして信じられることだろうか。誰にもわからない。自然科学は実験事実だけを頼りにしている。宇宙という実験室は一つしかない。実験台の上に同じものを再現することはできない。そうしてわれわれは、何百億年も生きて、宇宙を観測し続けるわけにもいかない。

ジレンマ

容器の右半分に気体を入れる。真ん中の区切りを取り除く。気体はたちまち容器の中に一様に広がる。
これは熱学的な実験事実である。そうして統計力学は、組み合わせの数の多寡から（いいかえると確率的立場から）、この現象を説明する。
それでは容器の中に一様に広がってしまった気体分子を考えよう。これらはまったくでたらめな運動をしている。ここで全分子、あるいは構成単位が原子なら全原子に対し
「まわれ、右！」

の号令をかけたとする。つまり、分子や原子の位置は同じ、速度の大きさも同じ、ただ速度の向きだけを逆転しろと命じたのである。

もちろんこのような号令をかけるわけにはいかないが、かりに、ある瞬間にすべての粒子の速度の向きが反対になっても、少しもおかしくないはずである。気体分子の密度は依然として容器の中のどこでも同じだし、速度分布はマックスウェルの曲線になっている。要するに、まわれ右をしても、でたらめさかげんは減らない。エントロピー最大の状態を、同じくエントロピー最大の状態に置きかえたに過ぎない。熱学的にみれば、あってもいいことである。

ところが力学的に考えたらどういうことになるか。粒子はたがいに相互作用して（わかりやすくいえば衝突して）現在にいたったのである。向きを変えれば、過去の衝突を逆にたどっていくことになる。

その結果どうなるか？　容器の中の気体はひとりでに右半分に片寄ってしまう。ちょうど映画のフィルムを逆まわしにしたのと同じである。

もし宇宙の全粒子にまわれ右を命じたらどうなるだろう。われわれはだんだん若返り、赤ん坊になって、やがて母の胎内にかえっていく。平成は昭和となり大正となり明治になり、徳川時代をむかえる。

熱的平衡になっていないものにまで、まわれ右をさせるのは、考え方に無理があるかもしれない。しかし容器の中の気体の例などは……力学的に許されることが、熱学的には不可能なことになっている。

このへんの矛盾はまだ解決されていない。統計力学のかかえている大きな課題の一つである。粒子をまわれ右させるということは、そのまま時間という、大自然を支える舞台の、未来と過去との向きをひっくり返したことに相当している。空間については右も左も対称である。時間についてだけ、なぜそれをひっくり返すとおかしなことになるのだろうか。とにかく時間というものを、もっと本質的な立場から改めて検討してやる必要があろう。

力学と熱学とのこの関係は、そのまま素粒子論と物性論との立場に置き換えられる。一つ一つの粒子の性質やその相互作用を研究する素粒子論では、時間は前後対称のかたちで記述される。過去が未来に、未来が過去になっても、法則には支障はない。ところが多粒子の体系を扱う物性論ではそうはいかない。過去から未来へと一方的に現象は移行する。

同じ物理学でありながら、なぜ食い違いが起こるのか、今後の研究がまたれる問題である。

カタストロフィー

一九六九年、ある大学のある教室、教師と学生との対話である。対話というよりも、学生が教師をつき上げているといった方が、この雰囲気にぴったりくるかもしれない。

「……それで先生、先生は七〇年安保についてどう考えますか」

「ぼくは物理の教師だ。そういうことは政治か歴史の先生に聞いてくれたまえ」

「そうはいきませんよ先生。七〇年安保は日本人全体の問題ですよ。先生だって日本人じゃあないですか。大いに関係ありますよ」

「ぼくは物理の研究をしていたい。そうして物理を通して教育を実行したい」

「物理の教育より人間の教育はどうなんですか。それでは沖縄問題はどうなんです」

「沖縄は返還されることになった」

「沖縄返還のために、先生はどんな運動をしているんですか」

「ぼくは物理の教師だ」

「じゃあ先生は沖縄返還と口でいってるだけですか。そんなこと誰だってできますよ。なぜ立上がってぼくらと一緒にデモをしないんですか。政府のやり方は正しくないと言っているんでしょう。じゃあなぜ身体を張って政府を攻撃しないんです」

「いや、自然科学の研究も大切……」

「先生、それは専門バカというもんですよ。それではベトナム戦争はどうなんです」

「ベトナムからは、やがてアメリカも撤退するだろうし……」

「そんな簡単にいくもんですか。撤退すれば都合がいいというだけじゃあないですか。撤退しなかったらどうです。先生はいったいどうするつもりです」

「どうするつもりかって、それは、その……」

「先生はこんな大切なことを、少しも自分自身の問題としてとらえていないじゃあないですか。ひとごとじゃあない。それでも教師ですか。自分自身に対して問題提起ができないんですか」

「しかし実験をしたり、計算したりすることも……」

「先生、ただ自分の研究をしているだけじゃあ、時代がもう許しませんよ。そうでしょう。かりに日本が戦争にまき込まれたらどうします。いい仕事をしたいといっている人のところにも召集令状がくるんですよ。そのことは先生の方がよく知ってるじゃないですか」

「…………」

まあこれに似た会話（追及?）は、ときにはもっと激しく、あるいはもっとやんわりと、当時の大学や高校などで聞かれたようである。教師だってこんなに一方的に追及されるばかりでもあるまいが、この会話に関するかぎり、いささか学生の方にぶがあるようである。特に学生のいった「時代がもう許さない」という言葉を記憶しておいていただきたい。

情報の激増

自転車に乗りつけていたものがオートバイにまたがったとき、目の前にある速度メーターがもの珍しく感じられるものである。自転車のような道具と違って、いかにも器械だなあという感じがする。これがさらに自動車になると計器はもっと多くなる。さらに、ワイパー、チョーク、ヘッドライトなど押しボタンの数も増える。運転免許とりたての頃は、これらの計器や器械はすべてが運転者である自分の支配下にあると思うと、嬉しくなったりする。

ところが飛行機になると計器の数はかくだんに多くなる。リンドバーグの頃の飛行機ではそれほどでもなかっただろうが、複葉機から単葉機へ、さらにジェット機へと発達するにつれて、操縦席の前にある計器の数はどんどん増える。ずらりと並んだたくさんの丸いメーターを前にして、ジェット機のパイロットはいったいどれを見ているのだろう、一度に全部を眺めるのかしら、などと素人は心配になる。

結局言いたいのは、乗り物が発達するにつれて、操縦士の判断すべき材料が加速度的に増えていくということである。

エントロピーとは情報量である

本文で、エントロピーについて説明してきた。エントロピーとはもともと熱力学によって定義された量であるが、統計力学により、考えられるあらゆる可能な状態の数の対数に比例することが証明された。状態の数——いいかえると事柄の多様性というものは物理学だけの概念ではない。日常生活のいたるところで考えられる量である。特に今日のように社会状態が複雑になってきたようなときには、なおさらである。

　エントロピーは増大する。これは物理法則だけでなく、社会問題に対してもいえることである。

　この意味では、エントロピーとは情報量のことだと思っていい。自転車よりもオートバイが、オートバイよりも自動車が、さらには飛行機の方が、操縦士に対するエントロピーは増えていく。社会的なものを例にとって考えてみよう。徳川時代の金貸しよりも明治時代の無尽《むじん》会社が、さらに大正時代の信用組合が、そうして昭和に入っての銀行が、いっそう大きなエントロピーを処理しなければならなくなっている。

　人間は家計の苦しいときには質素倹約を実行する。経済状態が豊かになるにつれて、当然支出も多くなっていく。ところが何らかの事情で経済事情が急に悪化した場合、膨張した家計を引きしめるのは非常に困難である。これなどもエントロピーは増大しようとする傾向にある……ということの一例だといっていい。パーキンソンの法則によると、公務員の数は常に増え続けるものであり、減ることはないという。金は入っただけ出るものらしい。これらもみなエントロピー増大を裏書きするものである。

歴史の流れをみると、専制君主時代、封建時代、帝国主義、民主主義というような順序をとることが多い。制度的な、あるいは精神的な平等化によって、エントロピーは増加の一途を辿っているのである。

もっとも太古の社会は平等主義かもしれない。しかし未開発のころの村落の制度はすべてが単純であり、住民の数も少ない。その意味で、太古の社会はエントロピーが非常に小さい。

サラリーマンは反エントロピーを提供する

「自由エネルギー」は「全エネルギー」と「反エントロピー」の項との和である。体系は温度の低いときには全エネルギーの項が強く効くが、高温になると反エントロピーの項の方が重要視される。このことは人間の集まりである社会についてもいえそうである。

太古の昔から第二次大戦頃までは、エネルギーが問題であった。いかにして自然界から、人類に役立つエネルギーを引きだすかに人々は知恵をしぼった。風車、エンジン、電力などにより、ほぼその目的は達成された。

今日の人間はどのような性質の仕事をしているか。昔はもっこを担いだり、大八車を押したり、荷物を運んだりの力仕事をした。人に使われる場合にも、雇い主に対してエネルギーを売ったのである。ところが今では違う。社員は会社に対して反エントロピーを提供しているのである。エネルギーを得るために人を雇ったのでは会社は大損である。力仕事は機械にまかせておけばいい。企業が大きければ大きいほど、会社は膨大なエントロピーをかかえる。販売会社なら、客と接する社員は、いかに品物を並べたら、顧客にどんな態度でどのように説明したら……等々についての判断を提供し、その見返りに月給をもらう。課長クラスになれば、販売価格をいくらにするか、仕入れはどれくらいに抑えるか、等の知識が必要になる。決まっていない事柄を、課長の頭脳によって判断していくのである。首脳部は会社の経営全般に対しての処置を検討していく。誰もが持ち場持ち場に応じて、反エントロピー増大に努めているわけである。

子供は反エントロピーを増やす能力に乏しい。座敷をおもちゃなどでちらし、畳や壁をよごす。主婦はおもちゃを片付け、座敷を掃除し、よごれを拭う。彼女らは自然の傾向に逆らって、反エントロピーを大きくしている。洗濯も同じである。買物をして生活必需品を家庭内に揃えることも秩序の創造であり反エントロピーの増加である。肉屋、八百屋、魚屋とまわり、これらの素材を適当に加工して食欲をそそる物体（？）に仕上げること――つまり料理――も同じように秩序（反エントロピー）の生産である。

洋服生地を買ってきてデザインし、裁断してニュールックなどをつくりあげる過程もすべて反エントロピーの創造である。生地は簡単な長方形だが、ワンピースの方は形態も複雑で、裏地がついていたり、胸に大きなマフラーがぶら下がっていたり、肩にアクセントをつけたりして遥かにややこしい構造をしているではないか、だからでき上がりの方がエントロピーが大きい……と考えるのは間違いである。

いくらアクセサリーが多くても、完成された服は正しい秩序をもっている。衣服として最もエントロピーの小さい状態である。これに反して生地のままでは、ワンピースになるのかスーツに仕立てられるのか、ことによるとコートに化けるのかビキニになってしまうのか（まさかそんなこともあるまいが……）まったく見当がつかない。さまざまな可能性をすべて予測しなければならないということは、エントロピーが極めて大きいということである。

花を生ける。たとえそれがオブジェであろうとも、反エントロピーの創造である。美容院で髪をセットするのも、お化粧するのも同様である。

反エントロピーの生産は、決して女性だけの特技ではない。いちいちかぞえ挙げたらきりがないが、毎日毎日男性は職場で汗水たらして反エントロピーをつくりだしているのである。はやいはなしがいま筆者が行っている原稿書きもそうである。原稿用紙に漢字とひらがなを無作為に並べただけなら編集者に奇人扱いされるだけである。文法の法則に従い、論理の規則を守って、多かれ少なかれなにがしかの内容をもった文章は、白紙の原稿用紙よりも、猿の打ったタイプライターの文字の羅列よりも、エントロピーは小さい。

花を生けるのも反エントロピーの創造！

ギャンブルの反エントロピー

反エントロピーの増加は、いわゆる仕事と呼ばれているものの中にだけあるわけではない。麻雀というゲームで、はじめ配られる一三（四）枚の牌は、ふつうには極めてエントロピーが大きい（たまたま、はじめからエントロピーが小さいときには、天和《てんほう》とか地和《ちほう》とかいって大そう珍重する）。ゲーム開始と同時に、四人のプレーヤーはせっせと反エントロピーの増加にはげむ。一四枚の牌がきめられたエントロピーの極小値（必ずしも最小値ではない）に達したとき上がりとなる。このときの極小値のあたいが小さければ小さいほど点は高い。

競馬が行われるとする。レースのまえではエントロピーは大きい。……ではあるが、優劣まったく不明のレースと、銀行レース（絶対に強い馬がまじっているてがたいレース）とでは、後者の方がエントロピーが小さいといっていい。

やがてどの馬は調子がいい、どの馬はコンディションが悪いなどの情報が流れてくる。エントロピーがわずかに減ってきたのである。

さて各馬いっせいにスタート。やがてトップとしんがりでは大分離れる。エントロピーは徐々に減少している。落馬でもあろうものなら、その瞬間にエントロピーはがたっと減る。ゴールインして、エントロピーは最も小さい状態になる。

氾濫

ギャンブルにうつつをぬかすことをやめて、もう少し深刻な問題を考えていくことにしよう。プロローグで、宇宙の熱的終焉の可能性を考えた。しかし、たとえ宇宙全体が熱的平衡になってしまうようなことがあるとしても、それは遠い遠い未来のことであろう。

だがここで、もっと別の意味で、「人類」の終末がすぐそこまできていることを筆者はいいたい。自然からの脅威によって人類が滅亡するであろうと考えられている時期よりも、もっともっと近い将来に人類の終末が予想されているのである。

一九世紀に入って、人間社会の文明は飛躍的に発展した。工業を中心とする機械化であり、熱力学的な言葉でいえばエネルギー文明である。しかし第二次大戦を境として、人間社会はエントロピー文明に変わった。機（器）械でいえば昔はいかにして力強い起重機を、馬力の大きい牽引車をつくるかに全精力を傾けた。現在でも原子力、プラズマ等エネルギーの開発に力が注がれてはいるが、どちらかといえば、いかにして感度のいいFM放送を聞くか、どうしたら画面の美しいテレビを見られるか等が重要視されてきている。これらの機械の消費するエネルギーはとるにたらない。どれほど綺麗か、いかに繊細かが大切である。雑音その他の不要な要素は極力とり除き、必要部分だけを引っぱりだす。瓦礫の山から貴金属を拾いだすような作業である。

電子レンジも、皿洗い器も、そのほかエレクトロニクスに関するほとんどのものは反エントロピー製造器にほかならない。コンピューターはその典型である。

機械ばかりではない。日常の生活の中に、エントロピーがどれほど氾濫《はんらん》しているか。たとえば生活に関係のある数字だけに限って考えてみよう。

記憶すべき数字について

サラリーマンなら、朝起きて出勤するまでの間は特に時計の分針が気にかかる。自宅が都心を離れた郊外にあってバスの運行回数が少ないときには、もよりの停留所の通過時間を知っていなければならない。私鉄に乗る場合、どの時刻なら急行の方がいいかあるいは鈍行にすべきかなど心得ておく必要がある。その決定要因は職場までの時間の短縮一本やりでなく、その日の疲労度とか課長の機嫌のよしあしまで考慮して、満員電車を選ぶか、避けるか、とっさに所要時間を計算しながら頭を回転させなければならない。

電話という利器が発達したばかりに、仕事関係、私的な友人との交際などでずいぶん多くの電話番号の記憶が要求される。郵便番号も同様である。テレビの何チャンネルで何曜の何時に面白い番組があるかは子供の方がよく知っている。そのほか、特にサラリーマンは、知っていなければならない数字は山ほどあるはずである。メーカーならたとえば過去一ヵ月の生産量、バイヤーなら販売量、証券会社社員なら上場銘柄の最近の値動きのすべてなど……数字の洪水である。電話番号などは手帳に控えておけばいいかもしれない。もっと複雑な数字ならコンピューターにたたき込んで、ついでに計算もやらせれば間に合う。しかし何をコンピューターにやらせるか、でてきた結果をいかに活用するかは人間が考えなければならない。

情報による圧殺

世はまさに情報時代である。情報、情報といわれだしたのはここ数年である。この情報は今後、増えることはあっても絶対に減ることはなかろう。それどころか加速度的に、いやもっと急速に（加速度的よりももっとはげしい増加のしかたを指数関数的という）激増するに違いない。

別の例として、たとえば新造語もやたらに増えてくる。いかす、かっこいい……などの言葉は一時のはやりでやがてなくなるだろうが、オートメーション、コンピューター、IC、OR、MIS等々、これらは言葉の新造というよりも、むしろ新機軸の機械、概念等の増加である。アングラ、サイケ、反体制、フーテン等、一時的なものかどうかはよくわからない。とにかく、今まで なかった新しい考え方がどんどん入り込んできたことは事実である。

情報化も、現在はまだ初期の段階である。仕事が機械化され、事務が簡素化されて、好ましい状態だと思っている人も多かろう。しかし一部の人たちは、この情報量の氾濫のために、人類は早晩《そうばん》滅亡すると考えているのである。

情報産業に就職しなければいいではないかといわれるかもしれない。しかしここでいう情報とは、単なる産業機構だけを指しているのではない。われわれの日常生活すべてにわたって、判断すべき材料が次々と増えてくることをいっているのである。たとえていうなら自動車では間に合わず、飛行機を操縦しなければならないはめに追いやられているようなものである。確かに一つのボタンを押すには、何ほどのエネルギーも要しない。しかし押すべきボタンの数が圧倒的に増えつづける。会社でも官庁でも機構はいたずらに複雑化し、人間の寄り合う場所ではどこでも、会議とか討論とかが増えて、個人は好むと好まざるとにかかわらず、これに多くの時間をさかれることになる。

ここで最初に述べた学生と教師との対話がいきてくる。教師が自分の研究だけを続けたり、絵かきが絵を描いているだけではすまされなくなってきたのである。学生が「時代がそれを許さない」と言った。まさにその通りで、去年よりは今年、今年よりは来年というように、時がたつほど、人間は（あるいは個人がといった方がいいかもしれないが）より多くの判断すべき材料に迫られてくる。

もちろん仕事の内容によって情報量は違う。現在の段階では、情報量の脅威にさらされているのは特殊な職場のサラリーマンと経営者だけかもしれない。単純労働者や農村ではまだまだエントロピーは小さい。

しかしこれも時の問題である。農村人口は減っている。また農業自体も耕して播《ま》くだけの単調さではすまされなくなってきている。農村だから山間の僻地だから、繁雑さから逃避できると考えるのは現在の常識にすぎない。やがては全国津々浦々まで、巨大な情報量が、大きなエントロピーの波が、押し寄せていく。

都会を遠く離れた臨海地帯に突然広大なコンビナートが建設されて公害問題が起こったり、山麓に演習地ができて住民との間にトラブルが生じたりするなど、さまざまなかたちで情報量は増えていく。ダムの建設、谷を渡る高速道路の架設、観光ホテルの増設など、たとえ平和産業であっても、エントロピーの農村への滲透という意味では変わりはない。

人類滅亡の予言

人間は反エントロピーを創造する生きものであることはすでに述べた。この意味では、人間とはまことにすぐれた生存物である。ことによるとマックスウェルの悪魔という神秘的な働きをする小動物が宿っているのかもしれない。

ところが、賢いはずの人間が、集団的な営みをすることになると、エントロピーは増えるばかりである。ことによると人間の賢さが、エントロピー増大にかえって拍車をかけているのかもしれない。マックスウェルの悪魔は、社会的エントロピーの増大にはまったくそっぽを向いている。人間個人は反エントロピーの創造者であっても、これが集合して派閥、国家、民族などのグループが、ひしめき合い乱れまじるとき……反エントロピーの創造能力はその中に埋没してしまう。人口増加、産業の発達、消費欲の激増は必然であり、これを後退させることは大気中に真空部分のできるのを待つと同じほど、あてのない期待である。

統計力学の権威である東京大学の久保亮五教授は座談会で

「人類の寿命は、あと二〇〇年から三〇〇年くらいではないかと思う」

と発言されている。二万年の間違いではないか、と思われる読者も多いだろう。二万年でも二〇〇〇年でもない。二〇〇年である（ここの個所に限り、特に念入りに校正したから念のため……）。現在から二〇〇〜三〇〇年……逆に過去にさかのぼって計算すれば徳川中期になる。

ここ何年かの中軸産業の情報量の激増は、わずかに一〇年前には想像することもできなかった。未来の一〇年は、これよりも遥かに激しく社会的エントロピーが増大するだろう。産業部門だけでなく、人間の日常生活も、農村山村も大きな改革にせまられる。

まだまだ人類の破滅を考える人は少ないが、エントロピー過多による人間生活のくずれは少しずつ台頭《たいとう》している。公害問題はまえに述べたが、交通事故などもそのいい例である。

未来の世界

地球上の人口は一九七〇年現在、約三五億、陸地の面積が一・五億平方キロ、したがって一人当たりの平均所有面積は四・三万平方メートル（一平方メートルの四万三〇〇〇倍）である。

さて、人口の増加率は年間約二・五パーセントである。この割合で人間が増えていったら、一人の平均占有面積がわずか一平方メートルになるのは何億年のちか？

簡単な複利計算の問題である。そうして、ヒマラヤ山中にも、シベリアのツンドラ地帯にも、サハラ沙漠にも一メートル四方に一人が生活するようになるのは……たったの四三〇年後である。

もちろんそんな状態で人間が生存できるものではない。それではやばやと産児制限を奨励すればいいではないか……。

文明国では（個人の反エントロピーにたよって）実施できるかもしれない。日本や、欧米諸国が人口増加を抑制しているとき、アフリカやアジア大陸で人間が激増しないという保証はない。物理の問題に直してみると、一定体積の中にある粒子の数が多いほど、エントロピーは大きいのである。

交通事故とか人口増加（もっともこの二つは相反する事柄であり、かえって相殺するという意見もあろうが）のような量的な要因だけで人類が亡びるというのではない。人間は生理的に、あるいは精神的に破綻していくのである。個人の肩にはこれでもかこれでもかと際限なく情報量がのしかかってくる。しかし人間の脳細胞の数は決まっている。一定量以下の情報しか処理できない。そこへ情報を無理づめすれば……思考的機能は麻痺し、さらには破壊されてしまう。

紀元二〇〇〇年……文明国では過半数の人間がノイローゼにかかっている。職場のオートメ化はすすみ、仕事の性質は一見機能的になったように思われるが、職場や居住区での対人関係とか肉親間の感情問題などエントロピー増加を食い止められない分野が多々あって、これらが人間の神経を蝕《むしば》んでいく要因になっている。精神病院は多くの患者を収容しているが、まだ運営は順調である。自殺者の数は、ガンの死亡者を上まわってくる。

二〇五〇年……一九七〇年頃の言葉でいうまともな人間は非常に少ない。この頃には、まともの意味（あるいはまともの内容）は大分変わってきている。街路を歩きながら突然わめきだす人、いきなり真っ裸になる若者……しかし誰も振りかえってみようとはしない。どのような人種を健常でないとして精神病院に入院させるか、現在からは一寸予測できない。

かつて社会機構の矛盾に端を発したイデオロギーの対立は、エントロピーの増加とともに二者択一から混合多様式にうすめられて混沌とし、管理者と被管理者、あるいは何らかの意味での優者と劣者などの感情的な対立のうえにほそぼそと支えられてきたが、この頃になるとそれも消滅していく。イデオロギーは終末をむかえる。

さらに自殺者は激増し、肉親殺しなどの凶悪犯罪も日常茶飯事となる。

老人の中には、自ら耕して食べた農村生活の時代をなつかしむ人もあるが、そんなはなしは若者たちにはまったくカンケイないことである。

二一〇〇年……人間はその成人の過程でおかしくなるばかりでなく、生まれながらの身体障害者も増えている。現在の常識から眺めれば、百鬼夜行の感があるかもしれない。しかしまだまだ社会生活は無事に運営されていく。過去一〇〇年間に知識のかぎりを尽くしてつくり上げたオートメ化の機械が、その機能をフルに発揮しているため、たとえ人間がかなりおかしくなっても、機械がいたるところで人間の不始末をカバーしてくれる。人間の最大の悦楽は……麻薬の常用である。

二一五〇年……生き残る老人いわく。昔はエントロピーが小さかったなあ……と。

二二〇〇年……?

現在各国で原水爆反対運動が大きく展開されている。あんなものでどかんとやられたらたまったものではない。エネルギーの使用法を誤れば人類は滅亡してしまうのは誰にでもよく理解できる。原水爆禁止の旗のもとには、いかなる職種の人も集まってくる。

しかし、人類は忙しさのために滅亡すると主張しても、はたして人々の賛意を得られるだろうか。そんなばかなと言われるのがおちではなかろうか。とにかくあまり本気にしてもらえるとは

カタストロフィー

「昔はエントロピーが小さかったなあ……」

思えない。だが統計力学を専攻する人たちの多くは、そう考えているのである。

かりに、早かれ遅かれ情報過多で人類が亡びる可能性があるとすると、次の問題は当然、いかにしたら滅亡から逃れることができるかということになる。しかし、増大し続ける情報量を頭打ちにして、しかも逆転させ減少させせることが果たして可能だろうか……。

恐るべきエントロピー

エントロピーは増え続けるものである。全力を尽くしてその繁殖の防止に努めても、しょせんは蟷螂《とうろう》の斧《おの》でしかない。局所局所では一時的な防衛に成功するかもしれない。しかし大局的にみれば何ほどのこともない。

人間が寄り合って生活していくための機構を、民主制にするか独裁制にするか、資本主義でいくか社会主義ないしは共産主義にするか、それぞれの違いはある。しかしいかなる制度にせよ、早かれ遅かれ、エントロピーは増大していく。

水に落とした赤インクは、やがては水中に一様に広がっていく。広がっていくことが善か悪かと問われても答えようがない。科学者は、ただひたすらに自然の窮極をきわめたいという。若者はその態度を、問題提起もできない無能力者だとなじる。どちらの態度が正しいか……との問いかけは、赤インクの拡散の善悪を詰問するのと同じことにならないだろうか。ただそこに、エントロピーが激しい勢いで押し寄せてきていることを痛切に実感するのである。

社会に生活する人間ならば、安保問題にも沖縄返還にも真剣に取り組むのが当然ではないか、もっと前向きの姿勢で、人類の繁栄を考えるべきである。……との批判が、おそらくは圧倒的だろう。ということは教師と若者とをとりまく周囲の環境が、すでに大きなエントロピーではげしくゆさぶられているということである。その中にあって、自分一人だけ低エントロピーの状態に安住することはできない。

いかなる形態にしろ、社会活動の複雑化は（善とか悪とかに関係なく）そのままエントロピーの増加につながる。

現今の方針では、教育すること以前に、まず教育の理念を考えなければならない。研究自体よりも、研究というものが現時点においていかなる意義を有するかで、論議をたたかわす必要がある。大学においても……まずは器械の設置、図書の購入等の予算獲得の会議の繰り返しである。そうして……やっと図書が搬入されるころには、会議でつかれ切った頭は、図書を読むという本来の目的をすっかり忘れ去っている。

増え続けるエントロピーのために、社会活動を円滑にするための手段であったはずの団交や会議をすることが本来の姿だというように、みんなが思い込むようになる。そうして、みんなと違う思想というものは……もはや悪徳なのである。

グループ単位の闘争などによって、大衆という抽象物はますます強くなるように思われるが、これと反比例するかのように、個人……ひとりの存在は、いよいよひ弱なものになっていく。個人のほそ腕が、限りなくふくらむエントロピーを支えきれなくなったとき、社会生活に忠実ならんと欲するものはノイローゼになり、非忠実たらんとするものは、ヒッピー、アングラ、ヌードクラブその他、思いもよらない生活方式に逃避する。

地球には、バクテリアかなにかが繁殖するのが本来の姿であり、人間とは突然異変によってでき上がってしまった宇宙の変わり種だという説もある。偉大なる反エントロピーの創造者は、一方では鼠や昆虫やバクテリアのように、ながく生存する能力のない、か弱い動物なのであろうか。頭脳が発達したということが、かえって弱点であり、情報量を増やすという自滅行為のほか能のない破綻者だろうか。

自然や人工の大きなエネルギーに破壊されるのではなく、人間集団の内部から発生した巨大なエントロピーに圧殺されて人類は滅亡するしかない……、もし、かりにこの予言を狂わすてだてというものがあるとしたら、ほかでもなく人類自身がマックスウェルの悪魔となり、自ら救世主としての役割を果たす以外にみちはあるまい。

N.D.C.420.4　276p　18cm

ブルーバックス　B-1384

新装版《しんそうばん》　マックスウェルの悪魔《あくま》

確率から物理学へ

2002年9月20日　第1刷発行
2023年7月10日　第17刷発行

著者　都筑卓司《つづきたくじ》

発行者　鈴木章一
発行所　株式会社講談社
〒112-8001 東京都文京区音羽2-12-21
電話　出版　03-5395-3524
販売　03-5395-4415
業務　03-5395-3615
印刷所　（本文印刷）株式会社ＫＰＳプロダクツ
（カバー表紙印刷）信毎書籍印刷株式会社
製本所　株式会社国宝社

定価はカバーに表示してあります。

ISBN4−06−257384−9

発刊のことば

科学をあなたのポケットに

二十世紀最大の特色は、それが科学時代であるということです。科学は日に日に進歩を続け、止まるところを知りません。ひと昔前の夢物語もどんどん現実化しており、今やわれわれの生活のすべてが、科学によってゆり動かされているといっても過言ではないでしょう。

そのような背景を考えれば、学者や学生はもちろん、産業人も、セールスマンも、ジャーナリストも、家庭の主婦も、みんなが科学を知らなければ、時代の流れに逆らうことになるでしょう。

ブルーバックス発刊の意義と必然性はそこにあります。このシリーズは、読む人に科学的に物を考える習慣と、科学的に物を見る目を養っていただくことを最大の目標にしています。そのためには、単に原理や法則の解説に終始するのではなくて、政治や経済など、社会科学や人文科学にも関連させて、広い視野から問題を追究していきます。科学はむずかしいという先入観を改める表現と構成、それも類書にないブルーバックスの特色であると信じます。

一九六三年九月

野間省一

ブルーバックス　物理学関係書(I)

79 相対性理論の世界　J・A・コールマン／中村誠太郎＝訳
563 電磁波とはなにか　後藤尚久
584 10歳からの相対性理論　都筑卓司
733 紙ヒコーキで知る飛行の原理　小林昭夫
911 電気とはなにか　室岡義広
1012 量子力学が語る世界像　和田純夫
1084 図解　わかる電子回路　加藤　肇／見城尚志／高橋　久
1128 原子爆弾　山田克哉
1150 音のなんでも小事典　日本音響学会＝編
1174 消えた反物質　小林　誠
1205 クォーク　第2版　南部陽一郎
1251 心は量子で語れるか　ロジャー・ペンローズ／A・シモニー／N・カートライト／S・ホーキング　中村和幸＝訳
1259 光と電気のからくり　山田克哉
1310 「場」とはなんだろう　竹内　薫
1380 四次元の世界（新装版）　都筑卓司
1383 高校数学でわかるマクスウェル方程式　竹内　淳
1384 マックスウェルの悪魔（新装版）　都筑卓司
1385 不確定性原理（新装版）　都筑卓司
1390 熱とはなんだろう　竹内　薫
1391 ミトコンドリア・ミステリー　林　純一

1394 ニュートリノ天体物理学入門　小柴昌俊
1415 量子力学のからくり　山田克哉
1444 超ひも理論とはなにか　竹内　薫
1452 流れのふしぎ　石綿良三／根本光正＝著　日本機械学会＝編
1469 量子コンピュータ　竹内繁樹
1470 高校数学でわかるシュレディンガー方程式　竹内　淳
1483 新しい物性物理　伊達宗行
1487 ホーキング　虚時間の宇宙　竹内　薫
1509 新しい高校物理の教科書　山本明利／左巻健男＝編著
1569 電磁気学のABC（新装版）　福島　肇
1583 熱力学で理解する化学反応のしくみ　平山令明
1591 発展コラム式　中学理科の教科書　第1分野（物理・化学）　滝川洋二＝編
1605 マンガ　物理に強くなる　関口知彦＝原作　鈴木みそ＝漫画
1620 高校数学でわかるボルツマンの原理　竹内　淳
1638 プリンキピアを読む　和田純夫
1642 新・物理学事典　大槻義彦／大場一郎＝編
1648 量子テレポーテーション　古澤　明
1657 高校数学でわかるフーリエ変換　竹内　淳
1675 量子重力理論とはなにか　竹内　薫
1697 インフレーション宇宙論　佐藤勝彦

ブルーバックス　物理学関係書（II）

1701	光と色彩の科学	齋藤勝裕
1715	量子もつれとは何か	古澤　明
1716	「余剰次元」と逆二乗則の破れ	村田次郎
1720	傑作！　物理パズル50	ポール・G・ヒューイット＝作　松森靖夫＝編訳
1728	ゼロからわかるブラックホール	大須賀健
1731	宇宙は本当にひとつなのか	村山　斉
1738	物理数学の直観的方法（普及版）	長沼伸一郎
1776	現代素粒子物語	中嶋　彰／KEK（高エネルギー加速器研究機構）＝協力
1780	オリンピックに勝つ物理学	望月　修
1799	宇宙になぜ我々が存在するのか	村山　斉
1803	高校数学でわかる相対性理論	竹内　淳
1815	大人のための高校物理復習帳	桑子　研
1827	大栗先生の超弦理論入門	大栗博司
1836	真空のからくり	山田克哉
1860	発展コラム式　中学理科の教科書　改訂版　物理・化学編	滝川洋二＝編
1867	高校数学でわかる流体力学	竹内　淳
1871	アンテナの仕組み	小暮裕明　小暮芳江
1894	エントロピーをめぐる冒険	鈴木　炎
1905	あっと驚く科学の数字　数から科学を読む研究会	
1912	マンガ　おはなし物理学史	小山慶太＝原作　佐々木ケン＝漫画
1924	謎解き・津波と波浪の物理	保坂直紀
1930	光と重力　ニュートンとアインシュタインが考えたこと	小山慶太
1932	天野先生の「青色LEDの世界」	天野　浩／福田大展
1937	輪廻する宇宙	横山順一
1940	すごいぞ！　身のまわりの表面科学	日本表面科学会
1960	超対称性理論とは何か	小林富雄
1961	曲線の秘密	松下泰雄
1970	高校数学でわかる光とレンズ	竹内　淳
1981	宇宙は「もつれ」でできている	ルイーザ・ギルダー　山田克哉＝監訳　窪田恭子＝訳
1982	光と電磁気　ファラデーとマクスウェルが考えたこと	小山慶太
1983	重力波とはなにか	安東正樹
1986	ひとりで学べる電磁気学	中山正敏
2019	時空のからくり	山田克哉
2027	重力波で見える宇宙のはじまり	ピエール・ビネトリュイ　安東正樹＝監訳　岡田好恵＝訳
2031	時間とはなんだろう	松浦　壮
2032	佐藤文隆先生の量子論	佐藤文隆
2040	ペンローズのねじれた四次元　増補新版	竹内　薫
2048	$E=mc^2$ のからくり	山田克哉
2056	新しい1キログラムの測り方	臼田　孝